Dolly Dolly Books

娃衣浪漫礼服
娃娃 · 盛装 · 衣橱

日本舞是工作室　著

王春梅　译

辽宁科学技术出版社

·沈阳·

篇首语

在遇见让我一见钟情的娃娃之后，我入手了人生中的第一个娃娃。
因为想给这个娃娃做衣服，所以来到书店购买相关图书。
我最初买到的娃娃服装教程，就是浪漫礼服系列的作品。

看着书来学习制作方法，就算看错了纸型也可能歪打正着制作出世界上独一无
二的礼服，这让我欣喜不已。

本书中介绍的制作方法，完全不需要复杂的技术和理论知识，流程合理、工艺
简单。每一款都可以轻松地制作出来。

与成人的服装不同，娃娃服装无须清洗，也不会穿得很脏，所以制作过程尽可
能简单些、快乐些。这也是我在传授制作娃娃服装经验时，时刻铭记在心的要点。

期待各位在娃衣制作的过程中能够充满欢乐和欣喜，并且如释重负。如果这样，
我将不胜荣幸。

AtelierMYR
吉田麻由良

吉田麻由良

从小酷爱洋娃娃和毛绒玩具，毕业后也不忘初心，从零开始，在家自学制作娃
娃洋装的技巧。她从各处搜罗购买蕾丝和布料等，其做成的礼服因为充满设计
感而很快受到众多好评。之后，她得到了专业设计师 Ham 先生的支持，将脑
海中理想的娃娃和礼服变成了现实。

目录

日文版图书工作人员名单

设计：Motoko Kitsukawa

摄影：Mariko Nakagawa　Atelier MYR

纸型·插图：Hina Sekiguchi

DTP：Kishimu Youcha kikaku

特别鸣谢：

AZONE 国际株式会社

OBITSU 制作所株式会社

Cross World Connections 株式会社

SEKIGUCHI 株式会社

PetWORKs 株式会社

Konishi 株式会社

Brother Sales 株式会社

iMda

Rosen lied

策划·编辑：Noriko Nagamata

※娃娃的尺寸标注，仅为本书的分类。详细内容，请在各单品的制作方法页确认。

礼服A、围裙、头饰
模特：IMda2.6 Modigli（S码）
制作方法：p.48、p.96、p.112
纸型：p.128、p.146
©SOOM / IMda Doll

礼服C、发带
模特：IMda2.6 Colette（S码）
制作方法：p.72、p.104
纸型：p.128、p.107
©SOOM / IMda Doll

礼服H、发带
模特：Ruruko（S码）
制作方法：p.92、p.104
纸型：p.136、p.107
Ruruko™ ©PetWORKs Co., Ltd.

礼服F、发带
模特：EX☆cute Mlu（S码）
制作方法：p.84、p.104
纸型：p.136、p.107
©OMOIATARU / AZONE INTERNATIONAL

礼服 E
模特：IMda2.6 Modigli / IMda2.6 Colette（S码）
制作方法：p.80　纸型：p.133、p.142、p.143
© SOOM / IMda Doll

礼服 G、头饰
模特 : EX☆cute Raili（S码）
制作方法 : p.88、p.112
纸型 : p.136

礼服D、头饰
模特：Shino Yaesaka（S码）
制作方法：p.76、p.112
纸型：p.133
©Obitsu Plastic Manufacturing Co., Ltd.

礼服B、套裙、帽子
模特：IMda2.6 Modigli（S码）
制作方法：p.64、p.116、p.108
纸型：p.128、p.146、p.147
©SOOM / IMda Doll

礼服A、围裙、头饰
模特：Thursday's Child Rosee（L码）
制作方法：p.48、p.96、p.112　纸型：p.130、p.146

礼服B、套裙、帽子
模特：Thursday's Child Rosee（L码）
制作方法：p.64、p.116、p.108　纸型：p.130、p.146、p.147

礼服B、外套裙、帽子
模特：Thursday's Child Rosee（L码）
制作方法：p.64、p.116、p.108
纸型：p.130、p.146、p.147

礼服D、头饰
模特：Thursday's Child Rosee（L码）
制作方法：p.76、p.112
纸型：p.135

礼服G
模特：Thursday's Child Rosee（L码）
制作方法：p.88
纸型：p.150、p.151
©ROSEN LIED Corp. All rights reserved.

礼服F、发带
模特：Thursday's Child Rosee（L码）
制作方法：p.84、p.104
纸型：p.138、p.107
©ROSEN LIED Corp. All rights reserved.

礼服A、围裙、头饰
模特：Alice Time of Grace（L码）
制作方法：p.48、p.96、p.112
纸型：p.130、p.146
©OMOIATARU / AZONE INTERNATIONAL
OBITSU OBDY®

礼服H、发带
模特：Thursday's Child Rosee（L码）
制作方法：p.92、p.104
纸型：p.138、p.107

礼服C、发带
模特：Thursday's Child Rosee（L码）
制作方法：p.72、p.104
纸型：p.130、p.107

礼服E、套裙、帽子
模特：Momoko（M码）
制作方法：p.80、p.116、p.108
纸型：p.134、p.146、p.147
momoko™ ©PetWORKs Co., Ltd.

礼服A、围裙、头饰
模特：Unoa Quluts Fluorite（M码）
鞋子:PetWORKs
制作方法：p.48、p.96、p.112
纸型：p.129、p.146
©GentaroAraki / Renkinjyutsu-Koubou，Inc.

礼服 G
模特：Momoko（M码）
制作方法：p.88
纸型：p.137

礼服H、发带
模特：Unoa Quluts Fluorite（M码）
鞋子：PetWORKs
制作方法：p.92、p.104
纸型：p.137、p.107
©GentaroAraki / Renkinjyutsu−Koubou，Inc.

礼服C、发带
模特：Unoa Quluts Fluorite（M码）
鞋子：PetWORKs
制作方法：p.72、p.104
纸型：p.129、p.107
©GentaroAraki / Renkinjyutsu-Koubou，Inc.

礼服D
模特：Momoko（M码）
制作方法：p.76
纸型：p.134
Momoko™ ©PetWORKs Co.，Ltd.

礼服F、发带
模特：Unoa Quluts Fluorite（M码）
鞋子：PetWORKs
制作方法：p.84、p.104
纸型：p.137、p.107
©GentaroAraki / Renkinjyutsu-Koubou，Inc.

礼服B、套裙、帽子
模特：Momoko（M码）
制作方法：p.64、p.116、p.108
纸型：p.129、p.146、p.147
Momoko™©PetWORKs Co.，Ltd. Produced by Sekiguchi Co.，Ltd.
www.Momoko doll.com

泰迪熊
制作方法 : p.120
纸型 : p.146

教程

基础教程　染色

※ 关于染色

在AtelierMYR（娃衣工作室），不仅可以使用市面上销售的布料，也可以享受到自己染布料、自己做礼服的乐趣。

本书将会向您介绍简简单单就能乐享其中的操作手法，让每一位爱好者都能感受到AtelierMYR礼服制作的节奏和乐趣。

虽然操作方法简单易懂，但毕竟染色需要一定的操作手法，环境温度、使用的染料会影响到染色的效果。请参考本书的色感，一边调整，一边感受快乐吧。

本书介绍2种染色方法。
咖啡染，是给整个布料整体染色的方法。用于调整礼服的风格。
化学染料染，则用于给成品礼服的裙摆等细节部分上色，能体现丰富的层次感。
参考本书的内容，您可以选择其中一种尝试，也可以对两者都进行体验。
如果通过阅读本书，能提升您制作礼服的技巧，我将感到不胜荣幸。

※注意：染色礼服上的染料，有可能转移到娃娃身上。
可以给娃娃穿上长裤或袜子，以防止颜色转移。对于这一点，请务必格外留意。
在染色之前，要充分考虑到颜色转移的可能性，然后再开始操作。

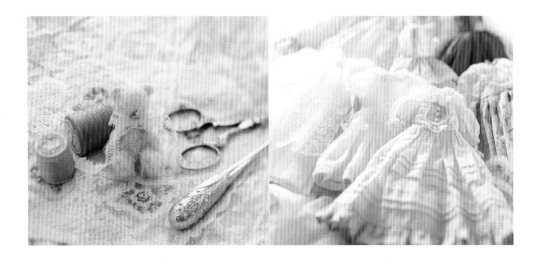

※ 材料

本书介绍的染色方法分为两种。分别是使用咖啡的咖啡染，以及市面上销售的使用化学染料的化学染料染。

盘子：ASTIER de VILLATTE（Orne de Feuilles）

小盆
便于染色。可以多准备几个。

量杯或药匙（汤匙也可）
用于计量水、咖啡、染料。

盐
用于固定颜色。

除此之外，还可以准备从染料溶液里捞出布料的方便筷、放置阴干布料的纸盘等。都是一些便于操作的小道具。

※ 咖啡染

使用咖啡，进行整体染色的教程。

材料
速溶咖啡2大勺
水300mL
盐1小勺

1 将咖啡和盐放入盆中。

2 把指定分量的热水慢慢倒入盆中。

3 用筷子搅拌，溶解咖啡。

4 将布料浸入咖啡液中。

5 使全部布料都浸入咖啡液中。

6 从咖啡液中取出布料。本次浸泡了1分钟左右。

7 准备浣洗用的小盆，装好水。

8 将染好的布料放入浣洗用的水中。

9 用筷子轻轻摇动布料，清洗。

10 轻轻拧干，熨烫平整。

用咖啡染加工过的布料，被制作成了礼服B，
裙摆处用化学染料染进行了粉色加工。
模特：Unoa Quluts Fluorite
©GentaroAraki / Renkinjyutsu-Koubou，Inc.

❋ 化学染料染

使用市售的染料进行染色的教程。
因为是少量染色，所以请留意不要把布料全部放入
染料中。

材料
化学染料（本次使用粉色和浅棕色的染料）
水300mL

1 把指定分量的热水放入盆中，加入粉
色染料。

2 染料溶于水以后的状态。

3 为调整出细微差别，加入粉色染料一
半的浅棕色染料。

4 根据个人喜好，准备颜色合适的染料
液。再准备一盆浣洗的水。

5 把需要染色的裙摆浸入热水中，深度
为3cm左右（根据需要染色的范围来
调整）。

6 轻轻沥干水，浸入染料液中，深度为
1.5cm左右（根据需要染色的范围来调
整）。

7 将布料从染料液中取出。等待染料在被水浸泡过的布料上晕染出层次。

8 待布料体现出令人满意的晕染效果后，放入浣洗用的水盆中清洗。如果颜色过浅，可以重复6~7的步骤。

9 在浣洗过程中，需更换2·3次清水。取出后轻轻沥干水。

10 晾干以后的状态。

盘子：ASTIER de VILLATTE（Orne de Feuilles）

裙摆处做了粉色处理的礼服A
模特：IMda2.6 Modigli
©SOOM / IMda Doll

基础教程　缝纫

在本章节中，将会介绍制作礼服所必需的工具和基本技术。

※ 准备的物品

下面将介绍制作本书中礼服所必需的工具和基本技术。
首先准备好针、线、剪刀、缝纫机等缝纫必备的工具。
剪刀需要分成用来裁剪布料的缝纫剪、用来裁剪纸型的纸剪和用来剪断线头的小剪刀。
除此之外，本书中还常用到以下物品。

盘子：ASTIER de VILLATTE（Orne de Feuilles）

① 封边液

用于防止布料或蕾丝边缘抽丝。棉布等通常需要在裁剪后，使用封边液来处理布边。

② 布料黏合胶水

本书中，为了提高操作效率，使用了布料黏合胶水。制作布料黏合胶水的厂家众多，推荐使用黏合之后不会轻易散开的品种，适用于无须频繁清洗的娃娃服装。

③ 拆线器、锥子

缝纫小号服装的时候，非常担心即将完工时发现缝纫线位置不对。这种情况下，如果有拆线器和锥子，就能事半功倍了。另外，用缝纫机缝纫小零件的时候，也可以用锥子加以固定。锥子还可以用来调整细小的边角线条。对于我来说，锥子是制作小号礼服时必不可少的工具。

④ 镊子

用于夹装饰用的亮片和亮珠、调整边角，是制作小号礼服的好帮手。缝合区重叠的部件折角，可以用镊子夹住翻面，以达到保持形状的目的。

⑤ 笔

用于描绘纸型，只要刻画出印痕即可。当然，可以根据不同部分，选用遇热可消失的热消笔和遇水可溶解的水溶笔。

※ 布边处理

这是本书中采用的最常见的布边处理方法。
所谓布边处理，就是为了防止布料边缘抽丝的处理。

防止抽丝

涂抹封边液的方法。

1 按照纸型，裁剪各部分布料，然后摆放在厨房纸上。

2 在布料的边缘涂抹封边液。

3 晾干，撤掉厨房纸。

三折

折叠、缝合固定的方法。

1 布边折叠到略低于完成线的位置，用熨斗熨烫出印痕。

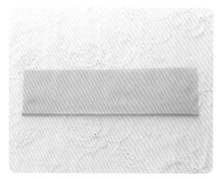

2 第二次折叠到完成线，再次用熨斗熨烫出印痕。

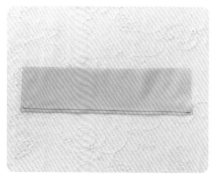

3 按照折叠出来的印痕，用缝纫机固定。

✳ 本书中常见的技法

无论制作礼服还是制作配饰，都常会用到这种技法，请牢牢掌握。

褶皱

把布料缝得更紧凑，体现折叠效果。
本书中介绍2根褶皱的加工方法，这种褶皱的效果可以增加成品的视觉效果。

1 用缝纫机缝合布料，结尾处留出较长的线。第2根褶皱位于第1根下方1~2mm的位置，加工方法相同。

2 同时拉动第1根和第2根缝纫线的下线，堆积出褶皱。

3 确定好褶皱的宽度以后，将两端的绳子打结固定。

4 在褶皱处喷水。

5 整理形状，完成。

针褶

缝出细小褶皱的装饰方法。

加入针褶以后，按照纸型描绘各部件形状，之后再裁剪加工。

因为针脚细腻，可以在加工时做得长一些，然后选择效果理想的部位使用。

1 缝纫之前，需要提前画出针褶印。S、M码的宽度为5mm×6根、L码的宽度为7mm×8根。

2 从第1根印开始向外折。

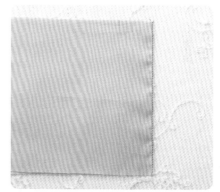

3 折好以后用缝纫机固定出1mm的针褶。

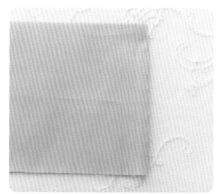

4 向外折第2根印。

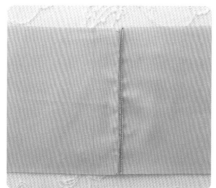

5 同样，在折好以后用缝纫机固定出1mm的针褶。

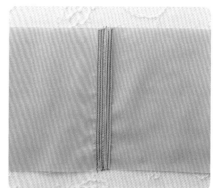

6 S、M码的礼服，右面3根向右外侧折、左面3根向左外侧折，然后固定针褶（L码左右各4根）。

盘子：ASTIER de VILLATTE（Orne de Feuilles）

服装教程

尺码

S码

以20cm、22cm、24cm的娃娃为模特。本书中S码的娃娃为Ruruko（Pure nimo XS）、RIKA、Neo Blythe、IMda2.6、Pure nimo（S、M）、Obis24cm。

M码

以27cm的娃娃为模特。本书中M码的娃娃为Momoko、Unoa Quluts Fluorite。

L码

以48cm、45cm的娃娃为模特。本书中L码的娃娃为Alice Time of Grace、Thursday's Child Rosee。Alice Time of Grace穿着的服饰偏大。

纸型

身体部分
S码参见p.128，M码参见p.129，L码参见p.130、p.132。
灯笼袖
S、M码参见p.142，L码参见p.143。
裙子
缝合后的尺寸仅按尺码表示。裁剪布料的时候请遵照下列尺寸。
S、M码的裙子上4cm×22cm（缝合区上7mm、下5mm）、裙子下7.5cm×47cm（缝合区上7mm、下5mm）。
L码的裙子上6.5cm×67cm（缝合区上1cm、下5mm）、裙子下15cm×100cm及10cm×50cm、1根连接（缝合区上1cm）。

材料 ※裙子请参考上述介绍

S码、M码

表面布料20cm×30cm、内衬布料20cm×20cm、0.8cm宽领子用蕾丝12cm、1.8cm宽裙子用蕾丝47cm、装饰用小亮珠6个、6mm按扣2组。

L码

表面布料30cm×60cm、内衬布料30cm×30cm、0.8cm宽领子用蕾丝25cm、1.8cm宽裙子用蕾丝150cm、装饰用小亮珠6个、6mm按扣3组。

礼服 A

1 准备前、后身片和袖子的纸型，在表面布料上描绘图案后裁剪。标注需要涂抹封边液的痕迹。

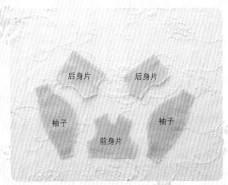

2 准备前、后身片的纸型，在内衬布料上描绘图案后裁剪。标注需要涂抹封边液的痕迹。

3 将表面布料的前、后身片正面对齐，缝合肩膀部位。

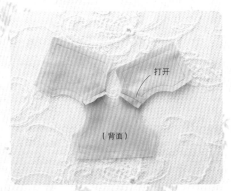

4 打开肩膀部位的缝合区，用熨斗熨烫开。

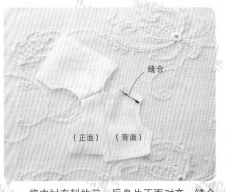

5 将内衬布料的前、后身片正面对齐，缝合肩膀部位。

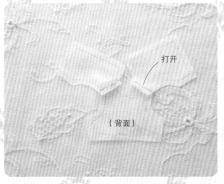

6 打开肩膀部位的缝合区，用熨斗熨烫开。

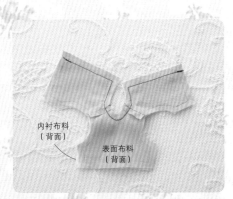

7 将表面布料和内衬布料背面对齐，按照从后身片的下摆—领子—另一侧的后身片下摆的顺序缝合。

8 斜着剪掉领子后身片侧面的多余缝合区布角。

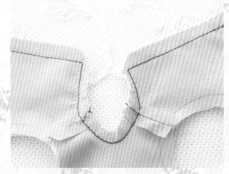

9 在领子弧线处剪出间隔2~3mm的切口。

10 用镊子夹住剪掉了布角的位置,翻到正面。

11 将表面布料和内衬布料对齐,使之重叠在一起,用别针暂时固定。

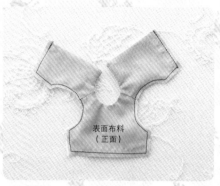

12 按照从后身片下摆、两侧一袖子一前身片两侧、下摆一另一侧前身片下摆一后身片两侧的顺序缝合。

13 准备袖子的部件,在袖子最上端加工褶皱。

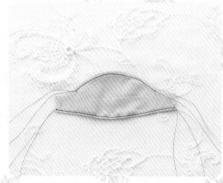

14 袖子口也要加工褶皱。

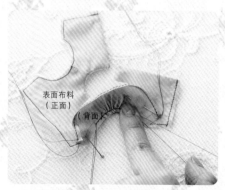

15 把身片和袖子部分最上端重合,袖子最上端的褶皱宽度处理好后,把线打结固定。

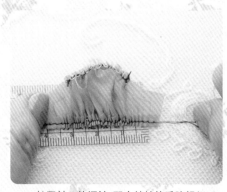

16 抽紧袖口的褶皱。配合娃娃的手腕粗细,S、M码可以在约3.5cm(L码为8cm)的地方拉紧线头固定。

17 用缝纫机缝合袖口褶皱。小部件缝纫加工起来有难度,可以与复印纸重合在一起缝纫,这样更好操作。

18 缝好以后,因为与复印纸连在一起了,所以需要把纸撕掉。

19 撕掉纸以后，用缝纫机缝好袖口的袖子部件。左右袖子部件的加工方法相同。

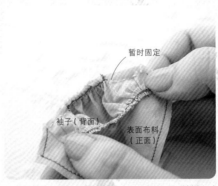

20 身片的袖口和袖子正面对齐，用别针暂时固定。

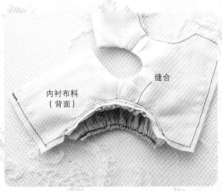

21 把身片的袖口和袖子缝合。

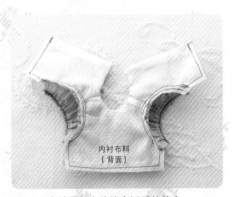

22 左右袖子与身片缝合以后的状态。

23 从正面看的样子。

24 将前、后身片的两侧正面对齐，缝合两侧。

25 缝好了袖子的上半身。

26 准备领子的纸型，把领子的2块布料背面对齐，描绘图案，然后裁剪备用。

27 图案完成后，在线条上保留翻回口，然后用缝纫机缝合。

28 留出3mm的缝合区，裁剪。

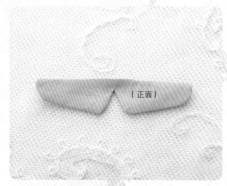

29 斜着剪掉缝合区的布角，从翻回口翻回正面，用熨斗熨平。

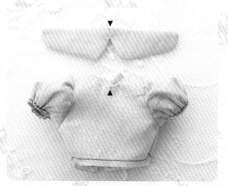

30 在刚才做好的身片领口中间以及领子部件的中间做记号。

31 记号对齐，将身片领口和领子部件重合以后缝合。

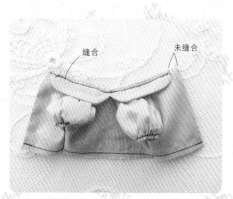

32 把领子缝合在身片上。这时，背面重合的部分尚未缝合。

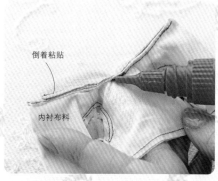

33 将领口的缝合区向内衬方向折过去，用布料黏合胶水粘贴固定。

34 缝好了领子的上半身。

35 裁剪裙摆部分的布料和蕾丝。

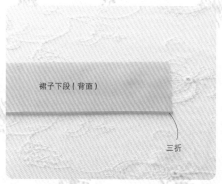

36 将下半部分的裙摆布料折三折，用熨斗熨平。

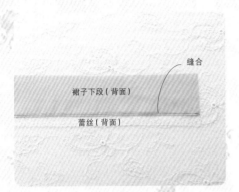

37 蕾丝重叠在三折布料的上面，用缝纫机缝合。

38 裙子下段的上部，加工2根褶皱。

39 比照裙子上段的褶皱，固定两端的线头，打结。

40 加工好裙子下段以后，向褶皱喷水，使褶皱更均匀。

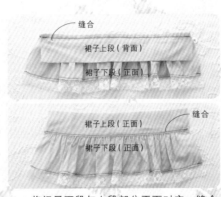

41 将裙子下段与上段部分正面对齐，缝合（上图）。打开缝合区，将裙子上段折过来，按住缝合区从上面缝合。

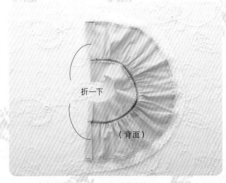

42 打开缝合区，折向裙子上段。两侧向内折1cm左右，用熨斗熨平。

43 在裙子上段（腰围）处加工2根褶皱。

44 比照身片的宽度（腰围），聚拢褶皱，将线头打结固定。

45 将身片与裙摆的腰围正面对齐，用别针临时固定。

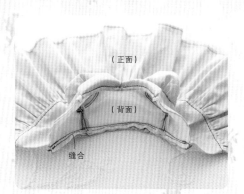

46 缝合腰部。

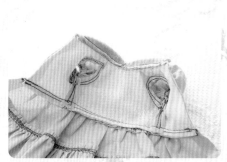

47 缝合区折向裙摆侧，用布料黏合胶水粘贴。

48 确认后面的缝合区与另一侧重合。

49 从裙摆边缘开始，一直到后背位置，用别针把后侧暂时固定住。

50 从后背位置开始，缝合到裙摆边缘。

51 翻到背面以后的状态。

52 在后背位置缝2组按扣。

53 在裙摆边缘缝合区涂抹布料黏合胶水，固定蕾丝。

装饰前的礼服A完成。

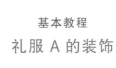
礼服 A 的装饰

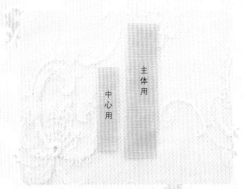

54 裁剪装饰用的部件。S、M码：主体2cm×8cm、中心1.2cm×5cm，L码：主体4cm×25cm、中心3cm×10cm。

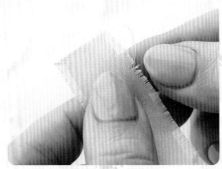

55 抽掉主体部分两侧的竖线，加工飞边。

56 完成两侧飞边的主体部分。

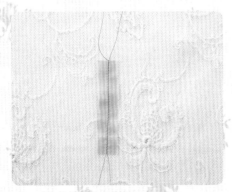

57 在主体部分的中心加工褶皱。

58 聚拢褶皱。S、M码，褶皱长约5cm（L码为9.5cm）左右。线头打结固定。

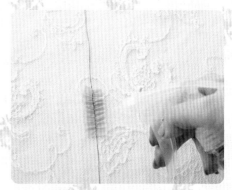

59 在褶皱上喷水，使褶皱均匀。

60 中心部分折3折，用熨斗熨烫后用布料黏合胶水黏合。

61 主体部分与中心部分正面对齐，用缝纫机把中心部分两端固定好。小部件缝纫加工起来有难度，可以与复印纸重合在一起缝纫，这样更好操作。

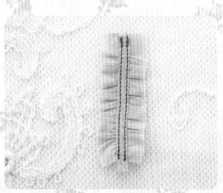

62 撕掉复印纸后的装饰部分。

63 把装饰部分放在身片中心位置，比照身片的长度，将多余部分折起来。

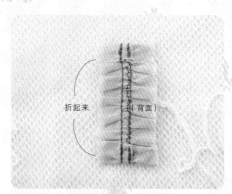

折起来　（背面）

64 从背面用布料黏合胶水把多余的部分固定住。

（正面）

65 用布料黏合胶水把装饰部分固定在身片上。

66 在装饰的中心部分画出固定亮珠的印痕。

67 把亮珠缝在印痕处。

68 准备装饰领口的蕾丝。

69 在蕾丝上部加工褶皱。

70 配合领口的尺寸，轻轻聚拢蕾丝的褶皱。

（背面）

71 在领口背面涂抹布料黏合胶水。

盘子：ASTIER de VILLATTE（Orne de Feuilles）

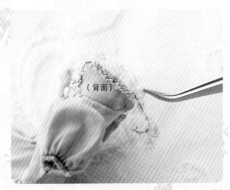

72 在布料黏合胶水变干之前，把聚拢了布料黏合胶水的蕾丝沿着边缘贴在领子上。

73 粘好整个领口以后，剪掉多余的部分。

74 另一侧也按照同样的方式粘贴蕾丝，完成。

教程2　袖子

②长袖　　　　　　　　　　　　　　　　　　　①长袖（双层袖口）

④灯笼袖　　　　　　　　　　　　　　　　　　③泡泡袖

介绍在礼服B~E中将会登场的4种袖子款式。
按照书中介绍的内容制作，固然有趣，但也非常建议根据个人喜好搭配创作风格独特的款式。

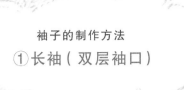

袖子的制作方法
①长袖（双层袖口）

❀ 材料

S、M码

袖子布料10cm×20cm

L码

袖子布料20cm×40cm

❀ 重点

细小部分的缝纫操作比较难，入门者可以在缝纫的时候降低缝纫速度。

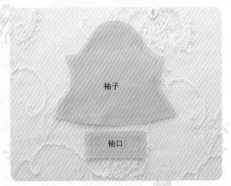

1 准备袖子和袖口的纸型，描绘图案后沿线条裁剪。

2 在袖口布料的袖口一侧，折3mm，用熨斗熨烫。

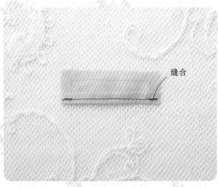

3 从边缘的1.5mm处开始缝合。

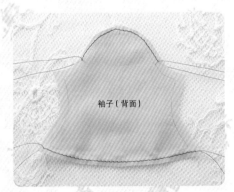

4 加工袖山和袖口的褶皱。

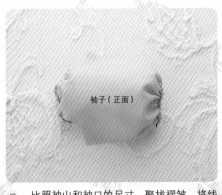

5 比照袖山和袖口的尺寸，聚拢褶皱，将线头打结固定。

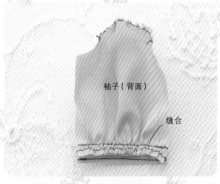

6 将袖口正面对齐，缝合。

7 打开袖口。

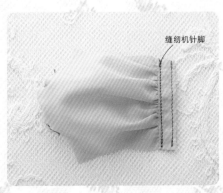

8 用缝纫机缝合袖口的缝合区。

袖子的制作方法
②长袖

❧ 材料

S、M码

袖子布料10cm×20cm

L码

袖子布料20cm×40cm

1 准备袖子的纸型,描绘图案后沿线条裁剪。

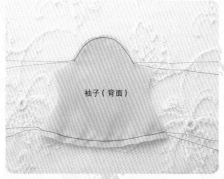

袖子（背面）

2 加工袖山和袖口的褶皱

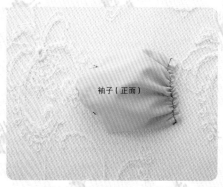

袖子（正面）

3 比照袖山和袖口的尺寸，聚拢褶皱，将线头打结固定。

4 将缝纫机压在袖口褶皱的上面，缝纫。缝纫细小部位的时候，可以用复印纸盖在上面一起缝纫，易于操作。

5 撕掉复印纸。

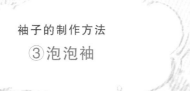

袖子的制作方法

③泡泡袖

❧ 材料

S、M码

袖子布料10cm×30cm

L码

袖子布料15cm×40cm

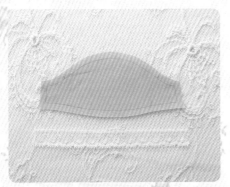

1　准备袖子的纸型，描绘图案后沿线条裁剪。同时准备蕾丝，在有必要涂抹封边液的地方做好记号。

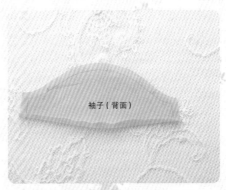

2　向袖口侧折过去，用熨斗熨平。

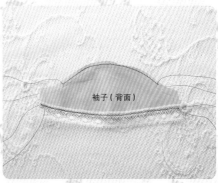

3　将折叠好的缝合区和蕾丝重叠在一起，缝合。加工袖山和袖口的褶皱。

4　比照袖山和袖口的尺寸，聚拢褶皱，将线头打结固定。

5　将缝纫机压在袖口褶皱的上面，缝纫。缝纫细小部位的时候，可以用复印纸盖在上面一起缝纫，易于操作。

6　撕掉复印纸。

袖子的制作方法

④灯笼袖

❀ 材料

S、M码

袖子布料10cm×30cm

L码

袖子布料15cm×40cm

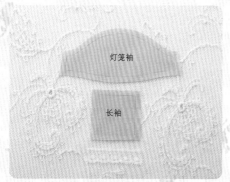

1 准备灯笼袖和长袖的纸型，描绘图案后沿线条裁剪。同时准备蕾丝，在有必要涂抹封边液的地方做好记号。

2 向袖口一侧折过去，用熨斗熨平。

3 将折叠好的缝合区和蕾丝重叠在一起，缝合。

4 与泡泡袖相同，聚拢灯笼袖的褶皱，将线头打结固定。

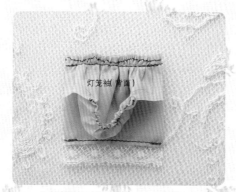

5 将长袖与灯笼袖正面对齐，缝纫。

6 打开缝合区，用熨斗熨平。

教程 3 礼服 B

尺码

S码

以20cm、22cm、24cm的娃娃为模特。本书中S码的娃娃为Ruruko（Pure nimo XS）、RIKA、Neo Blythe、IMda2.6、Pure nimo（S、M）、Obis24cm。

M码

以27cm的娃娃为模特。本书中M码的娃娃为Momoko、Unoa Quluts Fluorite。

L码

以55cm的娃娃为模特。本书中L码的娃娃为Thursday's Child Rosee。

纸型

身体部分　S码参见p.128，M码参见p.129，L码参见p.130、p.132。胸饰参见p.131。
泡泡袖　S、M码参见p.142，L码参见p.143。
裙子　缝合后的尺寸仅按尺码表示。裁剪布料的时候请遵照下列尺寸。
S码的裙子上8cm×45cm（缝合区上7mm、下5mm、左右1cm）、裙子下6cm×45cm（缝合区上下5mm、左右1cm）。裙摆褶边3.5cm×95cm（缝合区上7mm、下9mm、左右1cm）。
M码的裙子上11cm×45cm（缝合区上7mm、下5mm、左右1cm）、裙子下6.5cm×45cm（缝合区上下5mm、左右1cm）。裙摆褶边3.5cm×95cm（缝合区上7mm、下9mm、左右1cm）。
L码的裙子上22.5cm×110cm（缝合区上1cm、下5mm、左右1cm）、裙子下8cm×110cm（缝合区上下5mm、左右1cm）。裙摆褶边4cm×110cm及4cm×50cm 2根连接（缝合区上7mm、下9mm、左右1cm）。

材料　※裙子请参考上述内容

S码

表面布料20cm×30cm、内衬布料25cm×25cm、1.8cm宽裙子用蕾丝45cm、1.2cm宽袖子用蕾丝4.5cm、胸饰用表面布料10cm×10cm、胸饰用蕾丝4cm×5cm、0.5cm宽蕾丝10cm、1.2cm宽胸饰周围用蕾丝30cm、1.8cm宽领子用蕾丝25cm、1.2cm宽领子用蕾丝25cm、装饰用圆形小亮珠3个、6mm按扣2组。

M码

表面布料20cm×30cm、内衬布料25cm×25cm、1.8cm宽裙子用蕾丝45cm、1.2cm宽袖子用蕾丝4.5cm、胸饰用表面布料10cm×10cm、胸饰用蕾丝4cm×5cm、0.5cm宽蕾丝10cm、1.2cm宽胸饰周围用蕾丝30cm、1.8cm宽领子用蕾丝25cm、1.2cm宽领子用蕾丝25cm、装饰用圆形小亮珠3个、6mm按扣2组。

L码

表面布料30cm×60cm、内衬布料30cm×30cm、1.8cm宽裙子用蕾丝110cm、1.2cm宽袖子用蕾丝9cm、胸饰用表面布料15cm×15cm、胸饰用蕾丝10cm×10cm、0.5cm宽蕾丝25cm、3cm宽胸饰周围用蕾丝70cm、2.5cm宽领子用蕾丝55cm、3.0cm宽领子用蕾丝55cm、装饰用圆形小亮珠3个、6mm按扣3组。

1 参见礼服A制作方法1~25的步骤（袖子参见泡泡袖的制作方法），完成上半身。

2 参见裙子用的布料和蕾丝。

3 在裙子上段和下段分别加工2根针褶（加工方式参见p.45的基本教程）。

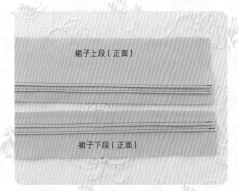

4 将裙子上段的下半部分、下段的上半部分分别向背面折过去，然后用熨斗熨平。

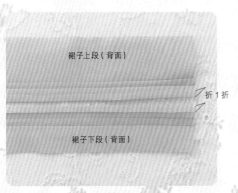

5 把蕾丝夹在裙子上段和裙子下段的中间，重叠起来缝合。缝纫的时候，要让蕾丝边缘覆盖在下段的布料上面。

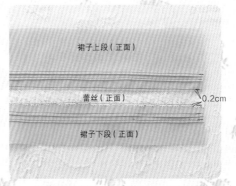

6 将裙摆褶边下部折3折以后用熨斗熨烫。

7 折3折以后，用缝纫机固定。

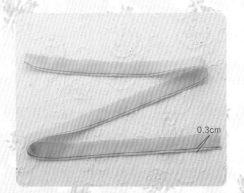

8 在裙摆褶边上半部加工2根褶皱。

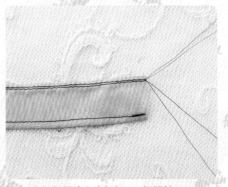

9 比照裙子的宽度，聚拢褶皱，将线头打结固定。

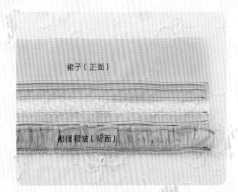

裙子（正面）

裙摆褶皱（背面）

10 褶皱聚拢后在褶边上喷水，使其均匀。将裙子的边缘和褶边正面对齐，缝合。

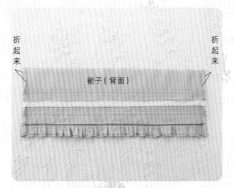

折起来

折起来

裙子（背面）

11 打开褶边，将缝合区向裙子一侧折过去，用缝纫机固定。两侧向背面折1cm，用熨斗熨烫。

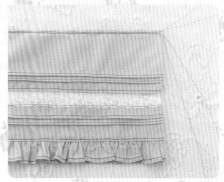

12 在裙子的上部加工2根褶皱。

13 比照身片的宽度，聚拢褶皱，将线头打结固定。喷水，让褶皱均匀。

（背面）

缝合

14 身片与裙子的腰部背面重叠，用别针暂时固定，缝合。

缝合

15 从裙摆开始到后背位置、背面对齐后用别针暂时固定，缝合。

16 在后背位置缝2组按扣。

装饰前的礼服B完成。

17 裁剪装饰用的部件。

（正面）

18 准备装饰用的纸型，在表面布料的背面描绘图案。然后用布料黏合胶水把蕾丝粘贴在正面。

（正面）

19 将蕾丝粘贴在表面布料正面的状态。

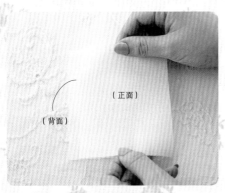

（正面）
（背面）

20 把表面布料和内衬布料正面对齐。

（背面）

21 在表面布料的印痕上缝合。

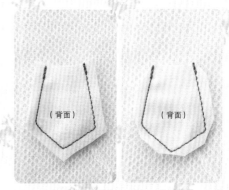

（背面）　（背面）

22 留出3mm的缝合区后剪开（左图），剪掉缝合区多余的布角。

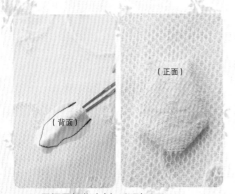

（背面）
（正面）

23 用镊子捏住内侧，翻到正面。

24 在装饰用的蕾丝上加工褶皱。

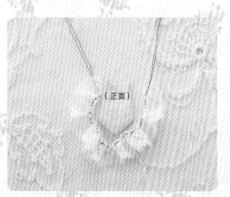

（正面）

25 围在装饰物周围，聚拢蕾丝的褶皱，将线头打结固定。

26 在装饰物的周围涂抹布料黏合胶水，固定蕾丝。

27 剪掉多余的蕾丝。

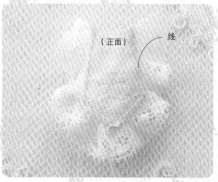

（正面）　线

28 使用布料黏合胶水，在装饰物的正面粘贴一根装饰线（如果没有细线，可以剪一段蕾丝线）。

29 在装饰物中心做一个印记，把亮珠固定在印记的位置。

30 用布料黏合胶水把装饰物粘贴在身片上。

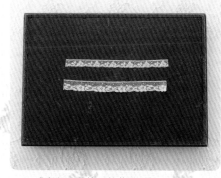

31 准备领口装饰用的蕾丝。

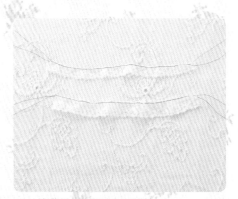

32 在蕾丝上半部分加工褶皱。

33 比照领口，轻轻聚拢蕾丝的褶皱。

（背面）

34 在领口背面涂抹布料黏合胶水，粘贴宽大的蕾丝。

35 在领口正面涂抹布料黏合胶水，粘贴细小的蕾丝。

36 粘贴好蕾丝的状态。

37 在蕾丝的切口处涂抹封边液，完成。

教程 4 礼服 C

尺码

S码

以20cm、22cm、24cm的娃娃为模特。本书中S码（小）的娃娃为Ruruko（Pure nimo XS），
S码（大）的娃娃为RIKA、Neo Blythe、Pure nimo（S、M）、Obis24cm。
IMda2.6的袖子是较为短小的7~8分袖。

M码

以27cm的娃娃为模特。本书中M码的娃娃为Momoko、Unoa Quluts Fluorite。

L码

以55cm的娃娃为模特。本书中L码的娃娃为Thursday's Child Rosee。

纸型

身体部分
S码参见p.128，M码参见p.129，L码参见p.130、p.132，胸饰参见p.131。
长袖
S码参见p.128，M码参见p.129，L码参见p.130、p.132，胸饰参见p.131。
裙子
缝合后的尺寸仅按尺码表示。裁剪布料的时候请遵照下列尺寸。
S码的裙子为11cm×9cm、6块接片（缝合区上7mm、下5mm）。
M码的裙子为13cm×9cm、6块接片（缝合区上7mm、下5mm）。
L码的裙子为22cm×12cm、8块接片（缝合区上1cm、下5mm）。

材料　※裙子请参考上述介绍

S、M码

身片用表面布料20cm×20cm、身片用内衬布料20cm×20cm、袖子布料10cm×20cm、2cm宽裙
子用蕾丝50cm、胸饰布料10cm×10cm×2块、1.5cm宽胸饰周围用蕾丝8cm、3.5mm宽胸前蝴蝶结
30cm、6mm按扣2组。

L码

身片用表面布料30cm×30cm、身片用内衬布料30cm×30cm、袖子布料30cm×60cm、2cm宽裙
子用蕾丝90cm、胸饰布料20cm×20cm×2块、2cm宽胸饰周围用蕾丝18cm、7mm宽胸前蝴蝶结
50cm、6mm按扣3组。

基本教程
礼服 C

1　参见礼服A制作方法1~25的步骤 [袖子参见长袖（双层袖口）的制作方法]，完成上半身。

2　把6块裙子布料缝合在一起，在裙摆内侧缝合蕾丝。比照裙子褶皱，缝合在身片上。参考礼服A制作方法42~46的步骤。

3　参考礼服A制作方法48~52的步骤，从裙摆开始缝合到后背，在后背处固定2组按扣。装饰前的礼服C完成。

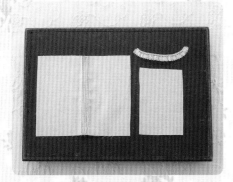

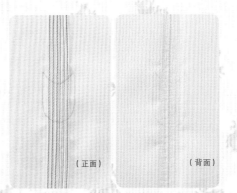

4　准备装饰用的部件。在表面布料上加工针褶（加工方法参见基本教程p.45）。

5　准备装饰的纸型，在表面布料的正面和背面描绘图案。

6　粗略裁剪表面布料，与内衬布料正面对齐。

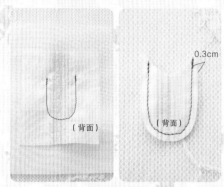

7 在表面布料的记号处缝合（左图），留出3mm的缝合区后裁剪。紧贴着翻回口处的针脚剪开，涂抹封边液。

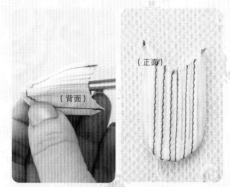

8 用镊子捏住内侧（左图），翻回表面（右图）。

9 用布料黏合胶水把蕾丝固定在装饰物的周围。

10 剪掉多余的蕾丝。

11 参考礼服B的制作方法31~35的步骤，粘贴领子，然后缝合固定中间的蝴蝶结。

教程 5 礼服 D

尺码

S码

以20cm、22cm、24cm的娃娃为模特。本书中S码（小）的娃娃为Ruruko（Pure nimo XS），
S码（大）的娃娃为RIKA、Neo Blythe、Pure nimo（S、M）、Obis24cm。
IMda2.6的袖子是较为短小的7~8分袖。

M码

以27cm的娃娃为模特。本书中M码的娃娃为Momokol、Unoa Quluts Fluorite。

L码

以55cm的娃娃为模特。本书中L码的娃娃为Thursday's Child Rosee。

纸型

身体部分　S码参见p.133，M码参见p.134，L码参见p.135。
长袖　S、M码参见p.144，L码参见p.145。
裙子　缝合后的尺寸仅按尺码表示。裁剪布料的时候请遵照下列尺寸。
S码的上裙用薄纱14cm×60cm（缝合区上7mm、下裁断、左右1cm）、下裙用棉布14.5cm×45cm（缝合区上7mm、下5mm、左右1cm）。
M码的上裙用薄纱19cm×60cm（缝合区上7mm、下裁断、左右1cm）、下裙用棉布19.5cm×45cm（缝合区上7mm、下5mm、左右1cm）。
L码的上裙用薄纱34cm×130cm（缝合区上1cm、下裁断、左右1cm）、下裙用棉布34.5cm×110cm（缝合区上1cm、下5mm、左右1cm）。

材料　※裙子部分如上所示

S码

身片袖子用薄纱20cm×20cm、身片用棉布20cm×20cm、装饰用蕾丝12cm×13cm、1.2cm宽领子用蕾丝25cm、个人喜爱的蕾丝图案1块、0.8cm宽腰间丝带25cm×2根、圆形亮珠适量、6mm按扣2组。

M码

身片袖子用薄纱20cm×20cm、身片用棉布20cm×20cm、装饰用蕾丝15cm×17cm、1.2cm宽领子用蕾丝25cm、个人喜爱的蕾丝图案1块、0.8cm宽腰间丝带25cm×2根、圆形亮珠适量、6mm按扣2组。

L码

身片袖子用薄纱30cm×90cm、身片用棉布30cm×30cm、装饰用蕾丝30cm×30cm、1.2cm宽领子用蕾丝85cm、个人喜爱的蕾丝图案1块、1.5cm宽腰间丝带55cm×2根、圆形亮珠适量、6mm按扣3组。

基本教程
礼服 D

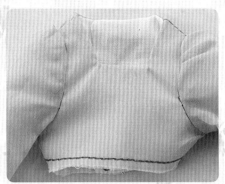

1 参见礼服A制作方法1~25的步骤（领子使用方形领的纸型，制作方法相同），完成上半身。

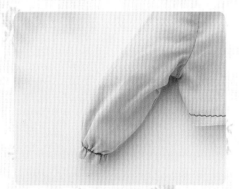

2 袖子参见长袖的制作方法。

3 参考礼服A制作方法42~46的步骤，把裙子、剪好的薄纱与褶皱重叠在一起，缝合到身片上。
参考礼服A制作方法48~52的步骤，从裙摆开始缝合到后背，在后背处固定2组按扣。装饰前的礼服D完成。

蕾丝

蝴蝶结　　　　　　　蝴蝶结

装饰用蕾丝

4 参考礼服B的制作方法31~35的步骤，粘贴固定领子上的蕾丝。
在裁剪下来的装饰蕾丝（两端涂抹封边液）的上半部分加工褶皱，按照喜欢的宽度聚拢蕾丝，将线头打结固定，与腰部中央的装饰蕾丝缝合在一起。两端装饰用的丝带系好，缝合固定。

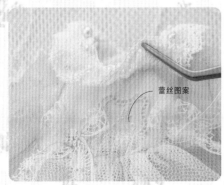

蕾丝图案

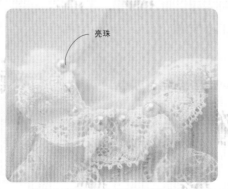

亮珠

5 用布料黏合胶水粘贴固定喜爱的蕾丝图案。

6 把大小亮珠固定在领子周围的蕾丝上。

尺码

S码

以20cm、22cm、24cm的娃娃为模特。本书中S码（小）的娃娃为Ruruko（Pure nimo XS），S码（大）的娃娃为RIKA、Neo Blythe、Pure nimo（S、M）、Obis24cm。IMda2.6的袖子是较为短小的款式。

M码

以27cm的娃娃为模特。本书中M码的娃娃为Momoko、Unoa Quluts Fluorite。

L码

以55cm的娃娃为模特。本书中L码的娃娃为Thursday's Child Rosee。

纸型

身体部分　S码参见p.133，M码参见p.134，L码参见p.135。
长袖、灯笼袖　S、M码参见p.142，L码参见p.143。
裙子　缝合后的尺寸仅按尺码表示。裁剪布料的时候请遵照下列尺寸。
S码的裙窗布料11.5cm×20cm×2块（缝合区上1cm、下裁断、左右1cm）、窗用裙摆褶边3.5cm×40cm×2根（缝合区上下5mm、左右1cm）、裙子用棉布12.5cm×50cm（缝合区上7mm、下5mm、左右1cm）、裙摆褶边棉布3.5cm×100cm（缝合区上下5mm、左右1cm）。
M码的裙窗布料14cm×20cm×2块（缝合区上1cm、下裁断、左右1cm）、窗用裙摆褶边3.5cm×40cm×2根（缝合区上下5mm、左右1cm）、裙子用棉布15cm×55cm（缝合区上7mm、下5mm、左右1cm）、裙摆褶边棉布3.5cm×105cm（缝合区上下5mm、左右1cm）。
L码的裙窗布料27cm×54cm×2块（缝合区上1cm、下裁断、左右1cm）、窗用裙摆褶边4cm×105cm×2根（缝合区上下5mm、左右1cm）、裙子用棉布30cm×105cm（缝合区上7mm、下5mm、左右1cm）、裙摆褶边棉布4cm×105cm及4cm×50cm×2根（缝合区上下5mm、左右1cm）接片。

材料　※裙子部分如上所示

S码

表面布料20cm×30cm、内衬布料20cm×20cm、裙子装饰用薄纱蕾丝11cm×25cm、1.2cm宽袖子用蕾丝8cm×2根、6mm按扣2组。

M码

表面布料20cm×30cm、内衬布料20cm×20cm、裙子装饰用薄纱蕾丝13.5cm×25cm、1.2cm宽袖子用蕾丝8cm×2根、6mm按扣2组。

L码

表面布料30cm×60cm、内衬布料30cm×30cm、裙子装饰用薄纱蕾丝25cm×60cm、2cm宽袖子用蕾丝16cm×2根、6mm按扣3组。

礼服 E

❧ 重点

制作L码裙摆的褶边时，确保正中央不要出现接口。

按照50cm、105cm、50cm的顺序缝合裙子，保证105cm位于正中央。

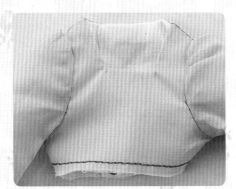

1 参见礼服A制作方法1~25的步骤（领子使用方形领的纸型，制作方法相同），完成上半身。

2 袖子参见灯笼袖的制作方法。袖口的蕾丝需要提前聚拢褶皱，再用布料黏合胶水固定。

4 参考礼服A制作方法48~52的步骤，从下摆缝合至后身开口处。在上半身的开口处固定2组按扣，装饰前的礼服E完成。

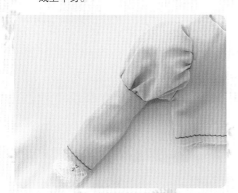

3 参考礼服B制作方法6~12的步骤，制作裙窗。

• 礼服E的裙摆褶边，需要在裙子、裙窗边缘都涂抹封边液后，上下各折0.5cm，最后用缝纫机缝合在裙子的正面（礼服B，仅下侧折了3折，并且缝合在了裙子内侧）。

• 裙窗，要把开窗侧的褶边折进来。

• 用缝纫机在裁剪好的装饰蕾丝（切口处涂抹封边液）的上半部加工褶皱，按照个人喜欢的宽度聚拢后用线头打结固定。

• 裙子、装饰蕾丝、裙窗都要在前面中心位置做记号。聚拢褶皱，与裙子、装饰蕾丝、裙窗的记号重叠，夹紧。然后参考礼服A制作方法42~46的步骤，与上身片缝合在一起。

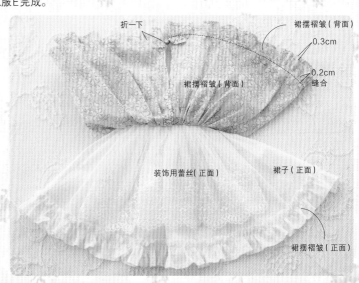

折一下

裙摆褶皱（背面）

0.3cm

裙摆褶皱（背面）

0.2cm

缝合

装饰用蕾丝（正面）

裙子（正面）

裙摆褶皱（正面）

5　在身片的胸前刺绣装饰物，完成。

玫瑰

叶

刺绣的时候，玫瑰花朵使用卷线绣针法（25号3根）、叶子使用雏菊绣针法（25号2根）刺绣。

◆绣品的刺绣方法1　卷线绣

1　　　　　2　　　　　　　　　　3　　　　　　　4

1出　3出
2入

4. 卷线（卷的长度要比2~3的长度更长一些）。

5. 拉线。

2
6入

◆绣品的刺绣方法2　雏菊绣

1. 在与1相同的地方入针，然后从最上部的辅助线出针。拉出针线前，把线圈压在下面，拉紧线。

2. 拉线，固定出圆形小针脚，压紧线圈。

3出
绕线圈
1出　2入

4入
完成

教程 7　礼服 F

尺码

S码

以20cm、22cm、24cm的娃娃为模特。本书中S码（小）的娃娃为Ruruko（Pure nimo XS），S码（中）的娃娃为Pure nimo S，S码（大）的娃娃为RIKA、Neo Blythe、Pure nimo M。

M码

以27cm的娃娃为模特。本书中M码的娃娃为Momoko、Unoa Quluts Fluorite。

L码

以55cm的娃娃为模特。本书中L码的娃娃为Thursday's Child Rosee。

纸型

身体部分　S码参见p.136，M码参见p.137，L码参见p.138。

裙子　缝合后的尺寸仅按尺码表示。裁剪布料的时候请遵照下列尺寸。

S码的裙子上半部分3.5cm×23cm（缝合区上1cm、下5mm、左右1cm）、裙子的中间部分和下半部分4cm×35cm（缝合区上1cm、下5mm、左右1cm）、裙子底部5.5cm×23cm（缝合区上1cm、下裁断、左右1cm）。

M码的裙子上半部分3.5cm×25cm（缝合区上1cm、下5mm、左右1cm）、裙子的中间部分和下半部分4cm×40cm（缝合区上1cm、下5mm、左右1cm）、裙子底部6.5cm×25cm（缝合区上1cm、下裁断、左右1cm）。

L码的裙子上半部分7cm×70cm（缝合区上下1cm、左右1cm）、裙子的中间部分和下半部分6cm×105cm（缝合区上1cm、下5mm、左右1cm）、裙子底部11cm×70cm（缝合区上1cm、下裁断、左右1cm）。

材料　※裙子部分如上所示

S码

表面布料10cm×20cm、内衬布料10cm×20cm、宽度为1.2cm裙子上半部分用蕾丝23cm、宽度为1.2cm裙子中间部分用蕾丝35cm、宽度为1.2cm裙子下半部分用蕾丝35cm、6mm按扣2组。

M码

表面布料10cm×20cm、内衬布料10cm×20cm、宽度为1.2cm裙子上半部分用蕾丝25cm、宽度为1.2cm裙子中间部分用蕾丝40cm、宽度为1.2cm裙子下半部分用蕾丝40cm、6mm按扣2组。

L码

表面布料20cm×30cm、内衬布料20cm×30cm、宽度为2cm裙子上半部分用蕾丝70cm、宽度为2cm裙子中间部分用蕾丝105cm、宽度为2cm裙子下半部分用蕾丝105cm、6mm按扣3组。

基本教程
礼服 F

抹胸形的身片，要完全制作出尺寸完美的纸型，以防下滑。
请完全按照纸型的尺寸描绘，然后按照娃娃的身材进行调整。

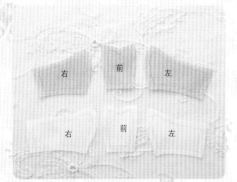

1　准备前身片和左右身片的纸型，在表面布料和内衬布料上描绘图案，然后裁剪。在需要涂抹封边液的地方做好记号。

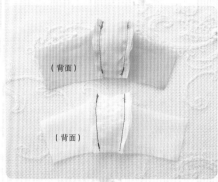

2　把表面布料、内衬布料的前身片和左右身片正面对齐，缝合固定。

3　打开缝合区，用熨斗熨烫。

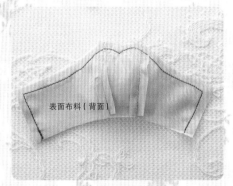

4　将表面布料与内衬布料正面对齐，留出腰部翻回口后缝合。

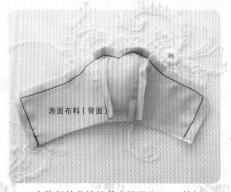

5　在胸部的曲线处剪出间隔为2mm的切口，剪掉后面多余的缝合区边角。

6　翻回正面，用镊子整理边角形状。

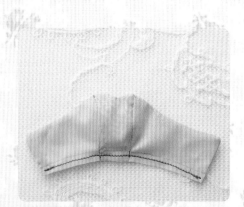

7　用缝纫机在腰部翻回口的端口处缝合。

8　抹胸身片完成。

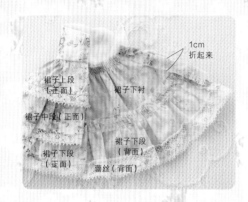

裙子上段
（正面）

裙子中段（正面）

裙子下段
（正面）

裙子下衬

裙子下段
（背面）

蕾丝（背面）

1cm
折起来

9 准备缝好裙摆蕾丝的上段、中段、下段及裙子的底部。

• 把聚拢好褶皱的上段、中段和裙子底部重叠在一起，缝合。

• 把裙子底部和聚拢了褶皱的下段重叠在一起，缝合。

• 将裙子两端折过去1cm，在腰部加工2根褶皱。

• 把裙子和身片缝合在一起。

参考礼服A制作方法35~46的步骤。

10
参考礼服A制作方法46~52的步骤，
从裙摆开始缝合到后背位置，然后
把2组按扣固定在后背的开口处。
礼服F完成。

尺码

S码

以20cm、22cm、24cm的娃娃为模特。本书中S码（小）的娃娃为Ruruko（Pure nimo XS），
S码（中）的娃娃为Pure nimo S，S码（大）的娃娃为RIKA、Neo Blythe、Pure nimo M。

M码

以27cm的娃娃为模特。本书中M码的娃娃为Momoko、Unoa Quluts Fluorite。

L码

以55cm的娃娃为模特。本书中L码的娃娃为Thursday's Child Rosee。

纸型

身体部分
S码参见p.136，M码参见p.137，L码参见p.138。

裙子
缝合后的尺寸仅按尺码表示。裁剪布料的时候请遵照下列尺寸。
S码的裙子用棉布和薄纱各15cm×45cm（缝合区上下5mm、左右1cm。薄纱剪断）。
M码的裙子用棉布和薄纱各20cm×45cm（缝合区上下5mm、左右1cm。薄纱剪断）。
L码的裙子用棉布和薄纱各30cm×110cm（缝合区上下5mm、左右1cm。薄纱剪断）。

材料　※裙子部分如上所示

S、M码

表面布料10cm×20cm、内衬布料10cm×20cm、宽度为0.8cm领子用蕾丝30cm、装饰用蕾丝适
量、装饰用圆形亮珠和珍珠适量、6mm按扣2组。

L码

表面布料20cm×30cm、内衬布料20cm×30cm、宽度为0.8cm领子用蕾丝50cm、装饰用蕾丝适
量、装饰用圆形亮珠和珍珠适量、6mm按扣3组。

礼服 G

↠ 重点
薄纱要在裁剪后使用。

1 参考礼服F制作方法1~8的步骤，制作上身片。把珍珠和亮珠缝在胸前固定。

2 参考礼服A制作方法42~46的步骤，把裙子和裁剪好的薄纱与褶皱重叠在一起，与身片缝合固定。

3 用缝纫机在裁剪好的装饰蕾丝（切口处需要涂抹封边液）的上部分加工褶皱，按照喜欢的程度聚拢蕾丝，然后用线头打结固定。将褶皱与腰部缝合固定。最后用丝带系蝴蝶结，缝在合适的位置上。

4 参考礼服A制作方法46~52的步骤，从裙摆开始缝合到后背位置，然后把2组按扣固定在后背的开口处。完成。

教程 9 礼服 H

尺码

S码

以20cm、22cm、24cm的娃娃为模特。本书中S码（小）的娃娃为Ruruko（Pure nimo XS），
S码（中）的娃娃为Pure nimo S，S码（大）的娃娃为RIKA、Neo Blythe、Pure nimo M。

M码

以27cm的娃娃为模特。本书中M码的娃娃为Momoko、Unoa Quluts Fluorite。

L码

以55cm的娃娃为模特。本书中M码的娃娃为Thursday's Child Rosee。

纸型

身体部分
S码参见p.136，M码参见p.137，L码参见p.138。

裙子
缝合后的尺寸仅按尺码表示。裁剪布料的时候请遵照下列尺寸。
S码的裙子用棉布8cm×35cm（缝合区上1cm、下5mm、左右1cm）、裙子用薄纱蕾丝9cm×35cm（缝合区上下5mm、左右1cm。薄纱剪断）。
M码的裙子用棉布9.5cm×50cm（缝合区上1cm、下5mm、左右1cm）、裙子用薄纱蕾丝10.5cm×50cm（缝合区上下5mm、左右1cm。薄纱剪断）。
L码的裙子用棉布19cm×80cm（缝合区上1cm、下5mm、左右1cm）、裙子用薄纱蕾丝20.5cm×80cm（缝合区上下5mm、左右1cm。薄纱剪断）。

材料　※裙子部分如上所示

S码

表面布料10cm×20cm、内衬布料10cm×20cm、宽度为1cm肩膀用蕾丝5cm×2根、装饰用施华洛世奇亮珠适量、装饰用珍珠适量、花形装饰物适量、6mm按扣2组。

M码

表面布料10cm×20cm、内衬布料10cm×20cm、宽度为1cm肩膀用蕾丝5cm×2根、装饰用施华洛世奇亮珠适量、装饰用珍珠适量、花形装饰物适量、6mm按扣2组。

L码

表面布料20cm×30cm、内衬布料20cm×30cm、宽度为1.5cm肩膀用蕾丝15cm×2根、装饰用施华洛世奇亮珠适量、装饰用珍珠适量、花形装饰物适量、6mm按扣3组。

基本教程

礼服 H

⇆ **重点**

这款礼服的亮点在于，透过薄纱可以看到珍珠和花朵。

建议多加一些饰品。

1 参考礼服F制作方法1~8的步骤，制作上半身部分。

2 准备珍珠和染色花瓣装饰。

6 把珍珠和花瓣固定在薄纱和裙子布料的中间。参考礼服A制作方法46~52的步骤，从裙摆开始缝合到后背位置，然后把2组按扣固定在后背的开口处。

（背面）

1.5cm
折起来

裙子面料（背面）

蕾丝面料（背面）

3 将薄纱与裙子面料正面对齐，在裙摆处缝合。聚拢腰部褶皱，与上半身部分缝合。参考礼服A制作方法42~46的步骤。

4 参考礼服A制作方法42~46的步骤，缝合装饰物（参考礼服H的装饰物做法，但是布料两端不加工飞边），固定施华洛世奇亮珠和蝴蝶结。

5 在身片背面，用布料黏合胶水粘贴蕾丝，作为肩带。

教程 10　身体

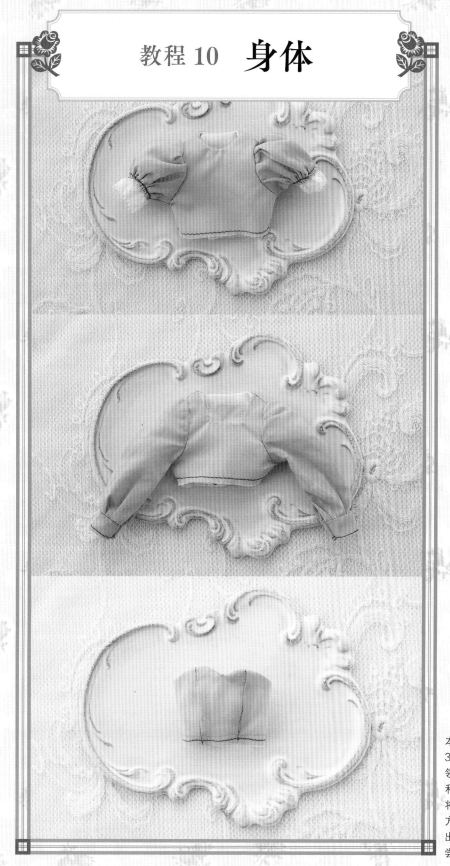

本书中，礼服A~H共使用了3款上身片。

领口设计分别为圆领、方领和抹胸。

将这3种纸型与袖子的组合方式改变一下，就可以创作出独创礼服。请一定要亲手尝试一下。

盘子 : ASTIER de VILLATTE（Orne de Feuilles）

教程 11　围裙

尺码

S码

以20cm、22cm、24cm的娃娃为模特。本书中S码的娃娃为Ruruko（Pure nimo XS）、RIKA、Neo Blythe、IMda2.6、Pure nimo（S、M）、Obis24cm。

M码

以27cm的娃娃为模特。本书中M码的娃娃为Momoko、Unoa Quluts Fluorite。

L码

以55cm的娃娃为模特。本书中L码的娃娃为Alice Time of Grace、Thursday's Child Rosee。
Alice Time of Grace穿着时略显宽松。

纸型

身体部分
S、M、L码均参见p.146。

裙子
缝合后的尺寸仅按尺码表示。裁剪布料的时候请遵照下列尺寸。
S、M码的裙子上半部分4.5cm×50cm（缝合区上7mm、下5mm、左右1cm）、裙子的下半部分2.5cm×50cm（缝合区上下5mm、左右1cm）。
L码的裙子上半部分9.5cm×85cm（缝合区上7mm、下5mm、左右1cm）、裙子的下半部分3cm×85cm（缝合区上下5mm、左右1cm）。

材料　※裙子部分如上所示

S、M码

身片用布料（表面/内衬）各30cm×15cm、宽度为1.8cm裙子用蕾丝A50cm、宽度为1.8cm裙子下摆用蕾丝B50cm、宽度为1cm胸前装饰用蕾丝15cm、宽度为0.8cm肩带和腰带用蕾丝各15cm×2根、直径0.5cm装饰用淡水珍珠6个。

L码

身片用布料（表面/内衬）各40cm×15cm、宽度为3.5cm裙子用蕾丝A85cm、宽度为2cm裙子下摆用蕾丝B85cm、宽度为2cm胸前装饰用蕾丝25cm、宽度为0.8cm肩带和腰带用蕾丝各25cm×2根、装饰用淡水珍珠6个。

基本教程
围裙

1 裁剪裙子用的布料和蕾丝。

图中标注：裙子上段 / 蕾丝 A / 裙子下段 / 蕾丝 B

2 裙子上段的下部向背面折、裙子下段的上部向背面折，用熨斗熨烫。把蕾丝A夹在裙子上段和下段中间，缝合。把蕾丝B缝在裙摆上。

图中标注：裙子上段（背面）/ 折1折 / 裙子下段（背面）/ 缝合 /（正面）

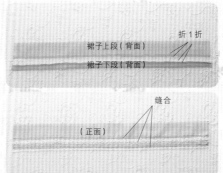

3 两侧向背面折，用熨斗熨烫。

图中标注：折1折 /（背面）

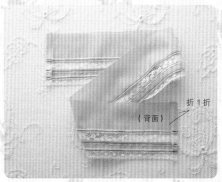

4 在裙子上部（腰部）加工2根褶皱。

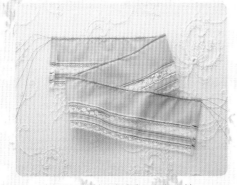

5 在身片表面布料上加工针褶（参考基础教程的制作方法），描绘出完成线，大致与内衬布料正面对齐，用别针固定。

图中标注：（背面）/（正面）

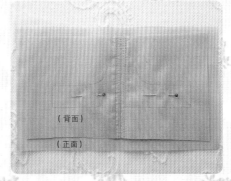

6 留下裙摆，缝合身片上的完成线。

图中标注：缝合

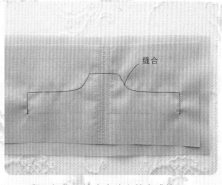

7 留出3mm的缝合区，裁剪（上图）。剪掉缝合区的边角，翻回正面，用镊子整理边角形状。在裙摆处涂抹封边液（下图）。

图中标注：（背面）/（正面）

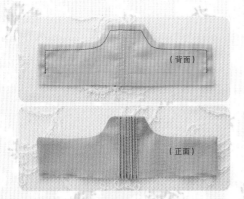

8 缝合裙摆的完成线。

图中标注：缝合

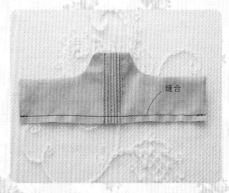

9 裙子与身片的宽度（腰部）对齐，聚拢褶皱，将线头打结固定。喷雾，使褶皱均匀。

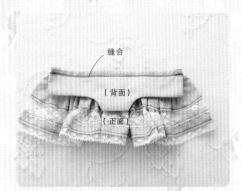

10 将身片与裙子正面对齐，缝合腰部。

11 打开身片，将缝合区向身片侧按倒，用布料黏合胶水粘贴固定。

12 比照胸部宽度，聚拢褶皱，将线头打结固定。

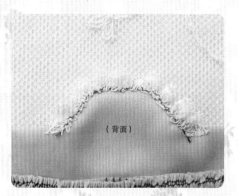

13 装饰蕾丝摆放在胸前，从背面涂抹布料黏合胶水粘贴固定。

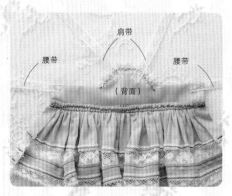

14 把用来做肩带的蕾丝叠放在胸前，从背面涂抹布料黏合胶水粘贴固定。同样，把用来做腰带的蕾丝放在身片两侧，粘贴固定。完成。

教程 12 裙撑

尺码

S码

以20cm、22cm、24cm的娃娃为模特。本书中S码的娃娃为Ruruko（Pure nimo XS）、RIKA、Neo Blythe、Pure nimo（S、M）、Obis24cm。

M码

以27cm的娃娃为模特。本书中M码的娃娃为Momoko、Unoa Quluts Fluorite。

L码

以55cm的娃娃为模特。本书中L码的娃娃为Thursday's Child Rosee。

纸型　※裙撑没有纸型，请参考材料的内容

材料

S码

裙撑上段用薄纱蕾丝4.5cm×20cm、裙撑下段用薄纱蕾丝9cm×60cm、宽度为0.3cm腰部皮筋11cm。

M码

裙撑上段用薄纱蕾丝4.5cm×20cm、裙撑下段用薄纱蕾丝11cm×60cm、宽度为0.3cm腰部皮筋11cm。

L码

裙撑上段用薄纱蕾丝9cm×40cm、裙撑下段用薄纱蕾丝21cm×150cm、宽度为0.5cm腰部皮筋21cm。

基本教程
裙撑

1 裁剪裙撑用的薄纱。

2 把裙撑上段的上半部分折过来，用缝纫机固定。制作穿皮筋的部分。

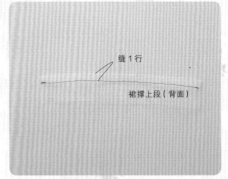

3 比照裙撑上段的宽度，聚拢裙撑下段的褶皱，将线头打结固定。

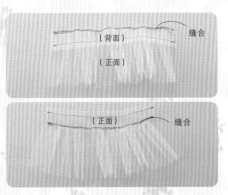

4 将上段与下段正面对齐，用别针暂时固定，缝合（上图）。打开缝合区，向上段侧按倒，再从上面用缝纫机缝合（下图）。

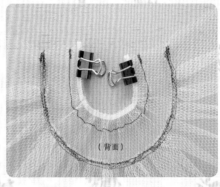

5 从皮筋口穿过皮筋，用夹子暂时固定，直到两端缝合。

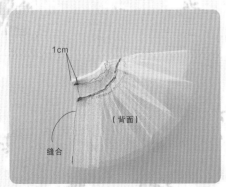

6 将裙撑两端正面对齐，缝合。此时，腰部皮筋也一起缝合1cm左右。翻到正面，完成。

尺码

小码

本书中小码发带的模特娃娃为Ruruko、Momoko、Unoa Quluts Fluorite。

大码

本书中大码发带的模特娃娃为IMda2.6、Thursday's Child Rosee。

纸型

小、大码均请参考p.107。

材料

小码

发带主体3.4cm×4cm、发带中心布料1.5cm×2cm、宽度为3.5cm带子用蕾丝30cm。

大码

发带主体7cm×11cm、发带中心布料3cm×3cm、宽度为3.5cm带子用蕾丝60cm。

基本教程
发带

❧ 重点

蝴蝶结款式的发饰。

这种蝴蝶结，还可用于套裙上的蝴蝶结装饰。

1 裁剪蝴蝶结的布料和蕾丝。涂抹封边液。

2 将蝴蝶结的中心布料折3折以后用熨斗熨烫，再用布料黏合胶水粘贴固定。

3 留出主体翻回口后，缝合。剪掉缝合区的边角布料。

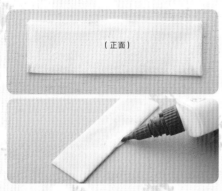

4 从翻回口翻到正面，用熨斗熨烫。用镊子调整好边角的形状。用布料黏合胶水粘贴翻回口。

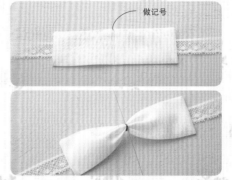

5 用布料黏合胶水把蕾丝粘贴在蝴蝶结主体的后面，中间做记号（上图）。把丝线缠在记号处，牢牢系紧。

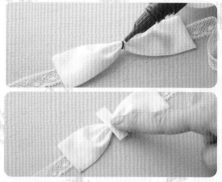

6 轻轻把布料黏合胶水涂抹在蝴蝶结中央的位置上（上图），然后把蝴蝶结中心粘贴上去（下图）。

7 把中心部位卷起来，在内侧涂抹布料黏合胶水（上图），贴合完成（下图）。

蝴蝶结

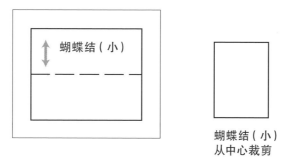

蝴蝶结（小）

蝴蝶结（小）
从中心裁剪

蝴蝶结（大）

蝴蝶结（大）
从中心裁剪

尺码

小码

本书中小码帽子的模特娃娃为Ruruko、Momoko、Unoa Quluts Fluorite。

中码

本书中中码帽子的模特娃娃为IMda2.6。

大码

本书中大码帽子的模特娃娃为Thursday's Child Rosee。

纸型

小、中、大码请参考p.147。

材料

小码

表面布料、黏合芯各10cm×20cm、宽度为0.5cm外侧装饰用蕾丝20cm、宽度为0.8cm内侧装饰用蕾丝20cm、宽度为2cm带子用蕾丝30cm。

中码

表面布料、黏合芯各15cm×30cm、宽度为1.2cm外侧装饰用蕾丝40cm、宽度为2cm内侧装饰用蕾丝20cm、宽度为3cm带子用蕾丝50cm。

大码

表面布料、黏合芯各20cm×40cm、宽度为2cm外侧装饰用蕾丝60cm、宽度为3.5cm内侧装饰用蕾丝60cm、宽度为3.5cm带子用蕾丝70cm。

❧ 重点
黏合芯粘贴在布料上以后再开始制作。

基本教程
帽子

1 裁剪帽子和蕾丝布料。黏合芯粘贴在表面布料的背面。

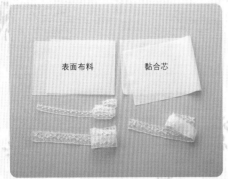
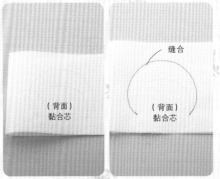

2 准备帽子的纸型，描绘图案（左图）。把2块帽子布料正面对齐，缝合外侧的完成线（右图）。

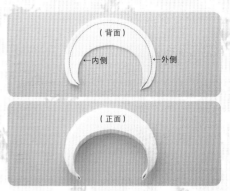

3 在外侧留出3mm的缝合区，裁剪。剪掉多余的边角，然后间隔5mm剪出切口（上图）。沿着内侧完成线裁剪，翻回正面，用熨斗熨烫（下图）。

4 系带用丝带对折，夹在帽子内侧，然后用别针暂时固定。沿着内侧的帽檐缝合。

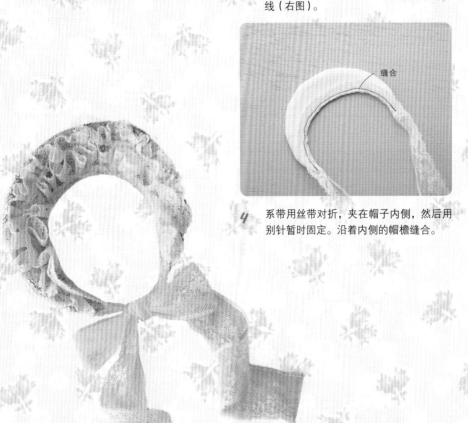

5 取较窄的装饰用蕾丝，聚拢褶皱，沿着帽子外侧用布料黏合胶水固定。

6 用同样的方法，再次聚拢较宽的装饰用蕾丝，调整褶皱效果，沿着帽子内侧用布料黏合胶水固定。两端折返，隐藏。

教程 15　头饰

尺码

小码
本书中小码头饰的模特娃娃为Ruruko、Momoko、Unoa Quluts Fluorite。

中码
本书中中码头饰的模特娃娃为IMda2.6。

大码
本书中大码头饰的模特娃娃为Alice Time of Grace。

纸型　※头饰没有纸型，请参见材料

材料

小码
宽度为0.8cm带子用蕾丝30cm、宽度为0.8cm装饰用蕾丝23cm×2根。

中码
宽度为2cm带子用蕾丝40cm、宽度为2cm装饰用蕾丝45cm×2根。

大码
宽度为3.5cm带子用蕾丝70cm、宽度为3.5cm装饰用蕾丝70cm×2根。

❦ 重点

以褶皱蕾丝为亮点的头饰。

在第3步各有2根需要加工褶皱的蕾丝。

推荐尺寸为小码9cm、中码15cm、大码23cm。

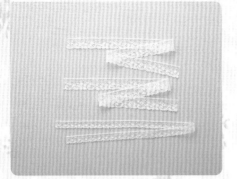

1 裁剪头饰用的蕾丝。

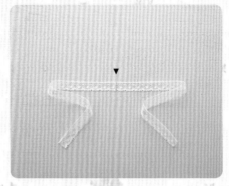

2 在带子用的蕾丝中央做记号。

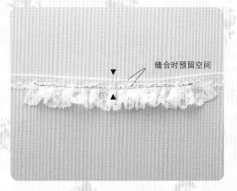

缝合时预留空间

3 在装饰用的蕾丝中央做记号，聚拢蕾丝，做记号。然后缝合带子用蕾丝。这时，预留用来缝合2根装饰用蕾丝的空间。

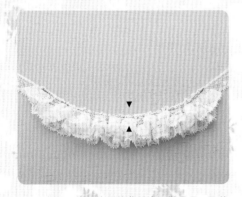

4 在另一根装饰用的蕾丝中间做记号，聚拢褶皱，比对记号的位置，然后缝合带子用蕾丝。

5 在装饰蕾丝之间的空隙涂抹布料黏合胶水。

6 在布料黏合胶水尚未干透时，用手轻轻按压，粘贴牢固，完成。

教程 16　套裙

尺码

S码

以20cm、22cm、24cm的娃娃为模特。本书中S码的娃娃为Ruruko、IMda2.6。

M码

以27cm的娃娃为模特。本书中M码的娃娃为Momoko、Unoa Quluts Fluorite。

L码

以55cm的娃娃为模特。本书中L码的娃娃为Thursday's Child Rosee。

纸型　※套裙没有纸型，请参见材料部分的内容

材料

S码

主体用薄纱蕾丝10cm×50cm、下摆褶皱上用薄纱蕾丝1.5cm×100cm、下摆褶皱下用薄纱蕾丝2cm×100cm、纵向褶皱用薄纱蕾丝1.5cm×25cm、心形装饰用薄纱蕾丝10cm×10cm、心形褶皱用薄纱蕾丝1.5cm×50cm、装饰蝴蝶结用薄纱蕾丝4cm×4cm、装饰蝴蝶结中心部用薄纱蕾丝1.5cm×3cm、宽度为0.3cm腰部用皮筋10cm、6mm按扣1组。

M码

主体用薄纱蕾丝12.5cm×55cm、下摆褶皱上用薄纱蕾丝1.5cm×110cm、下摆褶皱下用薄纱蕾丝2cm×110cm、纵向褶皱用薄纱蕾丝1.5cm×30cm、心形装饰用薄纱蕾丝10cm×10cm、心形褶皱用薄纱蕾丝1.5cm×50cm、装饰蝴蝶结用薄纱蕾丝4cm×4cm、装饰蝴蝶结中心部用薄纱蕾丝1.5cm×3cm、宽度为0.3cm腰部用皮筋10cm、6mm按扣1组。

L码

主体用薄纱蕾丝25cm×110cm、下摆褶皱上用薄纱蕾丝2cm×100cm×4根（各2根分别连接在一起）、下摆褶皱下用薄纱蕾丝3cm×100cm及3cm×50cm各2根连接、纵向褶皱用薄纱蕾丝2×65cm、心形装饰用薄纱蕾丝10cm×10cm、心形褶皱用薄纱蕾丝1.5cm×50cm、装饰蝴蝶结用薄纱蕾丝7cm×7cm、装饰蝴蝶结中心部用薄纱蕾丝7cm×3cm、宽度为0.5cm腰部用皮筋36cm、6mm按扣1组。

✦ 重点

制作L码的裙摆褶皱时，要防止对接位置位于正中间。

可以按照50cm、100cm、50cm的顺序缝合裙子，让100cm位于正中间。

1 裁剪套裙用布料。

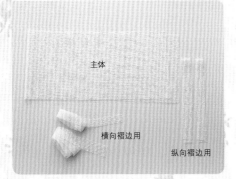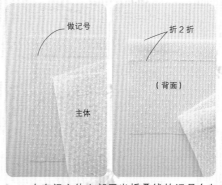

2 在套裙主体上部画出折叠线的记号（左图），折叠好用熨斗熨烫（右图）。

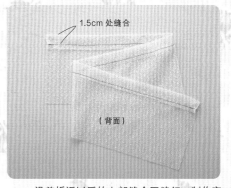

3 沿着折返以后的上部缝合区缝纫，制作穿皮筋的位置。

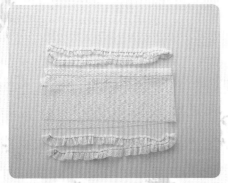

4 在裙摆褶边的布料上加工褶皱，比照主体的长度聚拢褶皱，将线头打结固定。

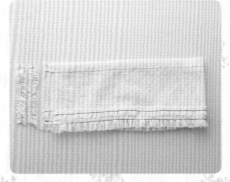

5 在纵向褶边的布料上加工褶皱，比照主体的长度聚拢褶皱，将线头打结固定。

6 准备装饰用品的纸型，做好记号后裁剪布料。

7 比照心形装饰物的尺寸，聚拢褶皱。

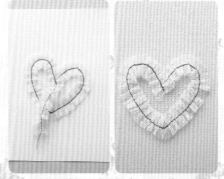

8 在心形的周围缝合褶边。因为作业区域细小，可以铺在复印纸上缝合。然后剪掉多余的部分（左图），撕掉复印纸（右图）。

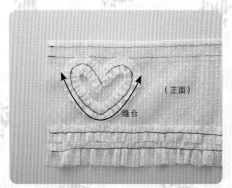

9 把心形装饰物叠放在主体正面的左端，缝合的时候尽量不要露出缝合线。留出开口，制作心形口袋。

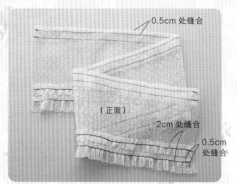

10 在穿皮筋的位置上面0.5cm的地方缝合。然后在裙摆处加工2根褶边。1根距离裙摆边缘2cm、另一根距离边缘0.5cm。

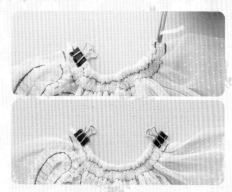

11 从穿皮筋的位置穿过皮筋。未缝合纵向这边之前，可以先用夹子等暂时固定。

12 把纵向褶边缝合在主体两侧。此时，腰围上的皮筋要一起缝合固定。

13 与制作蝴蝶结发带的方法一样，制作一个蝴蝶结。然后缝合在左边纵向褶边上方的位置。在两侧的上方缝好按扣。

14 固定好按扣，完成。

泰迪熊的制作方法

❧ 材料

小熊用马海毛毛料20cm×20cm，接头用圆形小亮珠4个，直径2mm的亮珠2个，手工棉、手工线、彩粉各适量。

❧ 重点

毛料的毛毛长度低于1cm的款式比较易于缝纫。

1 准备制作泰迪熊所需的材料。

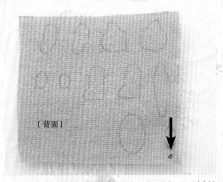

2 准备制作泰迪熊的纸型，在马海毛毛料的背面描绘图案。这个时候，注意毛茸的方向。毛茸应该顺着紫色圆圈的方向，描绘图案的时候请多加注意。

3 粗略裁剪下手、脚、腹部的材料。

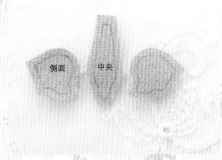

4 头部，留出3mm的缝合区裁剪。

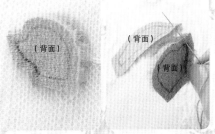

5 将头部侧面的2块布料正面对齐，从鼻子开始向脖子缝合（左图），头部中央部分的鼻子与侧面的鼻子对齐入针，正面对齐缝合（右图）。

6 头部中央从鼻子开始向后脑勺缝合（左图），用镊子拉出细微部位的布料，然后翻回正面（右图）。

7 向头部里面填充棉花。为了填充后的质感紧致，要多准备一些棉花。

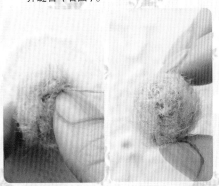

8 填充棉花以后，缝合脖子一周（左图），然后拉紧收线（右图）。

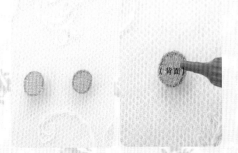

9 耳朵的部位，粗略裁开后精修边缘（左图），背面涂抹布料黏合胶水（右图）。

10 将耳朵对折，用夹子夹住晾干。

11 比照头部的部件，确定耳朵的位置。

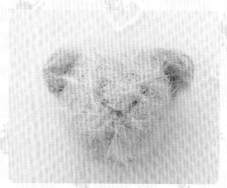

12 把耳朵缝合在头部。

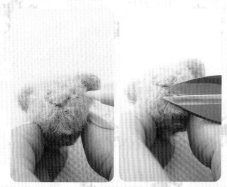

13 用水溶笔在头上画出眼睛、鼻子、嘴巴的记号（左图），然后剪短嘴巴周围的长毛。

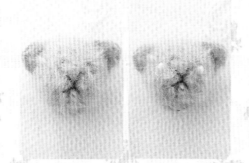

14 用缝嘴巴的线，反复几次缝出嘴巴和鼻子的线条（左图），然后在眼睛的位置固定用来做眼睛的亮珠。

15 缝合头部的时候，要用锥子把被埋在里面的马海毛挑出来。

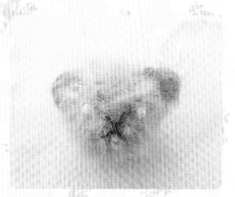

16 缝合完成后的毛绒效果。面孔呈现出毛茸茸的感觉。

17 修剪面孔上的毛发，调整比例。

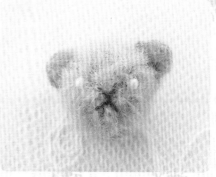

18 修剪好毛发以后的状态，面部线条圆润可爱。

19　粗略剪开身体部分的布料，每两块正面对齐。

20　手的部分。留出翻回口，剩下的部分沿着完成线缝合（左图），留出2mm的缝合区，剪开。但是翻回口的部分要留出3mm的缝合区（右图）。

21　脚的部分。留出翻回口，剩下的部分沿着完成线缝合（左图），留出2mm的缝合区，剪开。但是翻回口的部分要留出3mm的缝合区（右图）。

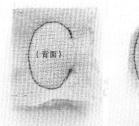

22　腹部的部分。留出翻回口，剩下的部分沿着完成线缝合（左图），留出2mm的缝合区，剪开。但是翻回口的部分要留出3mm的缝合区（右图）。

23　从翻回口把手的部分翻到正面，填充棉花。不要像头部那么坚硬，确保紧致但柔软。

24　从翻回口把脚的部分翻到正面，填充棉花。不要像头部那么坚硬，确保紧致但柔软。

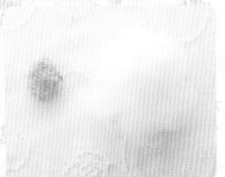

25　从翻回口把腹部部分翻到正面，填充棉花。不要像头部那么坚硬，确保紧致但柔软。

26　手部的翻回口，按照"匚"字形缝合。

27　脚部的翻回口，按照"匚"字形缝合。

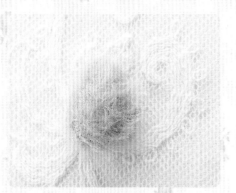

28 腹部的翻回口，按照"匸"字形缝合。

29 全部都加工完成。

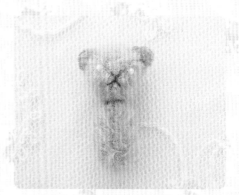

30 缝合头部与腹部。让腹部的接头处位于身体中心线上。

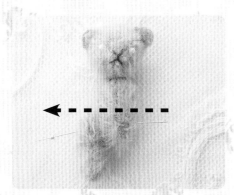

31 缝合脚和腹部。为了保证脚部可动，用长一点的针穿到腹部的相反方向，把线和亮珠穿过去。

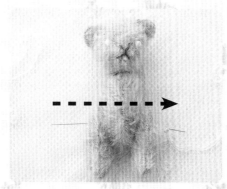

32 穿好左脚的亮珠以后，按同样方法穿好右侧脚用的线和亮珠。

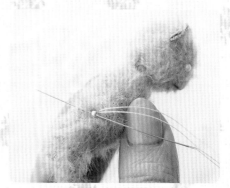

33 再次从左侧出针，拉起亮珠。

34 从右侧出针，拉起亮珠。

35 针穿进右脚里，从内侧出针。在看不见的地方给线打结。

36 缝合手的方法与缝合脚的方法相同。

37 像头部一样，用镊子把手、脚、腹部被埋进里面的马海毛都挑出来。

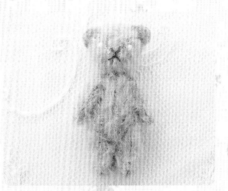

38 挑出了马海毛的状态。

39 用棉棒蘸取粉色系的彩粉，涂出脸颊的红润效果。

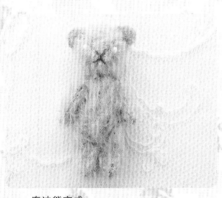

40 泰迪熊完成。

穿着衣服时

如果让泰迪熊穿衣服，要在把手缝合在身体上之前穿衣服。

材料
宽度为3.5cm礼服用蕾丝15cm、宽度为1.2cm衣襟用蕾丝20cm、宽度为0.5cm蝴蝶结用蕾丝5cm（使用剪切端）。

41 裁剪礼服用的蕾丝。

42 在领子与将成为礼服主体的蕾丝上加工褶皱，轻轻聚拢。

43 从礼服主体的开口处缝合到裙摆。

44 翻到正面，让小熊穿上礼服。

45 用布料黏合胶水把领子粘贴在主体上。

46 剪掉领子多余的部分，将两端折进去后用布料黏合胶水粘贴固定。

47 剪掉蕾丝，加工成一条较细的蕾丝。

48 打蝴蝶结（左图），用布料黏合胶水固定中心位置（右图）。

49 把蝴蝶结缝在耳朵上，完成。

纸型

礼服 A、B、C 制作方法 p.48、p.64、p.72

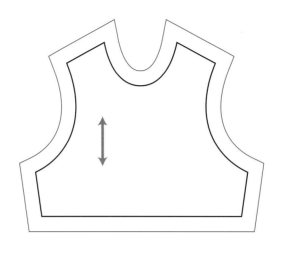

S 码
礼服 A、B、C
圆领前身
表面 ×1 个
内衬 ×1 个

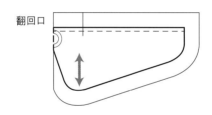

翻回口

S 码
礼服 A
领子 ×2 个

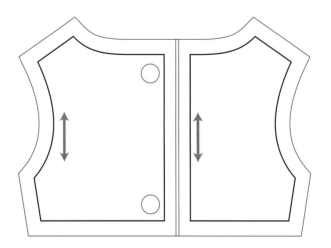

S 码
礼服 A、B、C
圆领左后身
表面 ×1 个
内衬 ×1 个

S 码
礼服 A、B、C
圆领右后身
表面 ×1 个
内衬 ×1 个

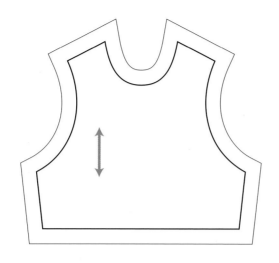

M 码
礼服 A、B、C
圆领前身
表面 ×1 个
内衬 ×1 个

翻回口

M 码
礼服 A
领子 ×2 个

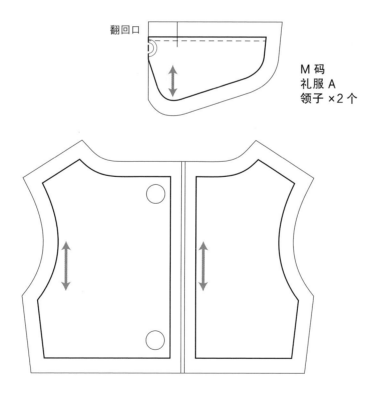

M 码
礼服 A、B、C
圆领左后身
表面 ×1 个
内衬 ×1 个

M 码
礼服 A、B、C
圆领右后身
表面 ×1 个
内衬 ×1 个

礼服 A、B、C 制作方法 p.48、p.64、p.72

L 码
礼服 A、B、C
圆领前身
表面 ×1 个
内衬 ×1 个

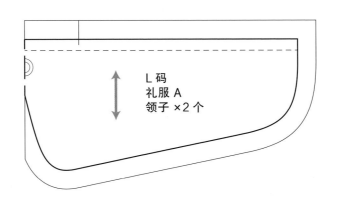

L 码
礼服 A
领子 ×2 个

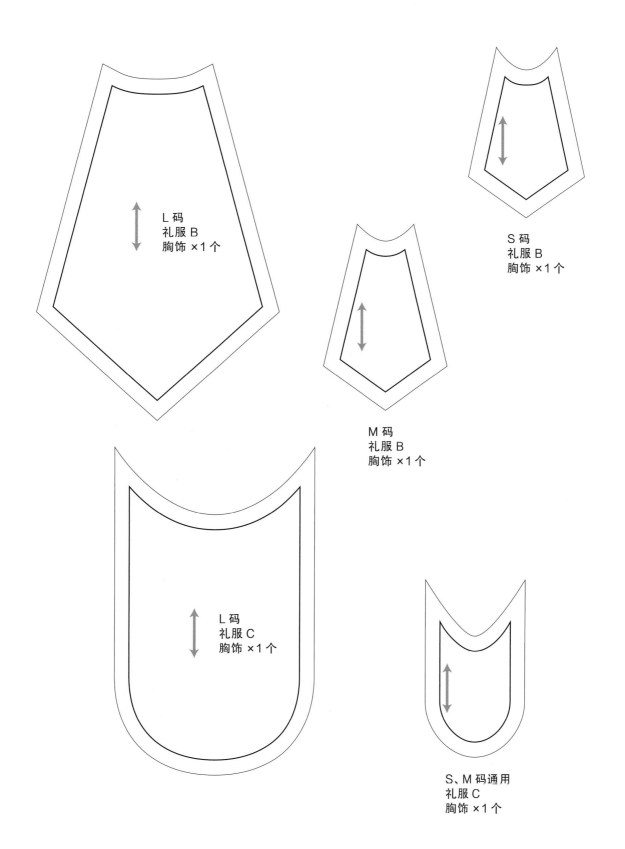

L 码
礼服 B
胸饰 ×1个

S 码
礼服 B
胸饰 ×1个

M 码
礼服 B
胸饰 ×1个

L 码
礼服 C
胸饰 ×1个

S、M 码通用
礼服 C
胸饰 ×1个

礼服 A、B、C

制作方法 p.48、p.64、p.72

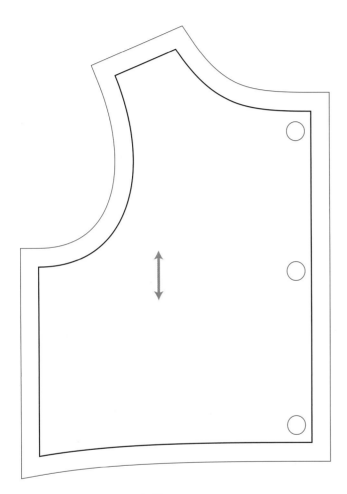

L 码
礼服 A、B、C
圆领左后身
表面 ×1个
内衬 ×1个

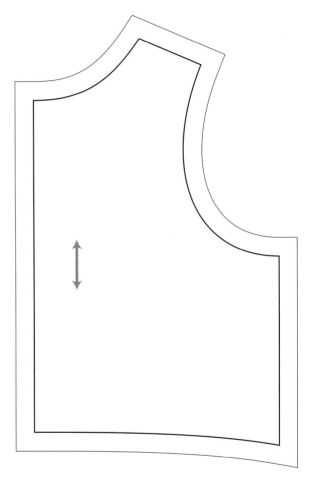

L 码
礼服 A、B、C
圆领右后身
表面 ×1个
内衬 ×1个

礼服 D、E 制作方法 p.76、p.80

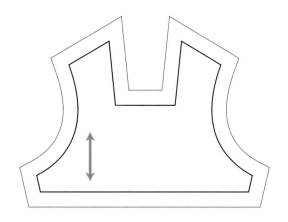

S 码
礼服 D、E
方领前身
表面 ×1个
内衬 ×1个

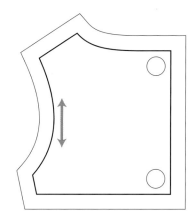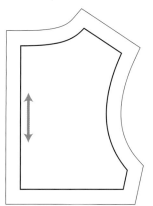

S 码
礼服 D、E
方领左后身
表面 ×1个
内衬 ×1个

S 码
礼服 D、E
方领右后身
表面 ×1个
内衬 ×1个

礼服 D、E　制作方法 p.76、p.80

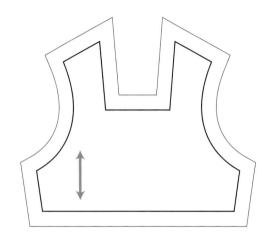

M 码
礼服 D、E
方领前身
表面 ×1 个
内衬 ×1 个

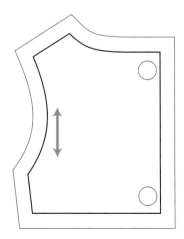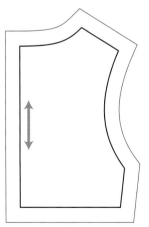

M 码
礼服 D、E
方领左后身
表面 ×1 个
内衬 ×1 个

M 码
礼服 D、E
方领右后身
表面 ×1 个
内衬 ×1 个

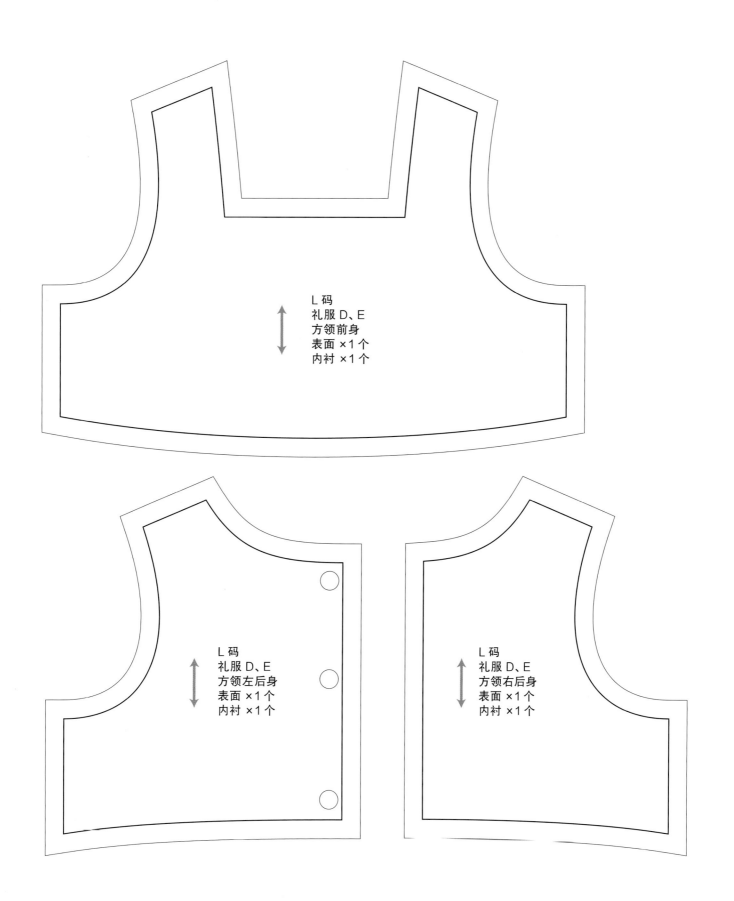

L 码
礼服 D、E
方领前身
表面 ×1个
内衬 ×1个

L 码
礼服 D、E
方领左后身
表面 ×1个
内衬 ×1个

L 码
礼服 D、E
方领右后身
表面 ×1个
内衬 ×1个

礼服 F、G、H　制作方法 p.84、p.88、p.92

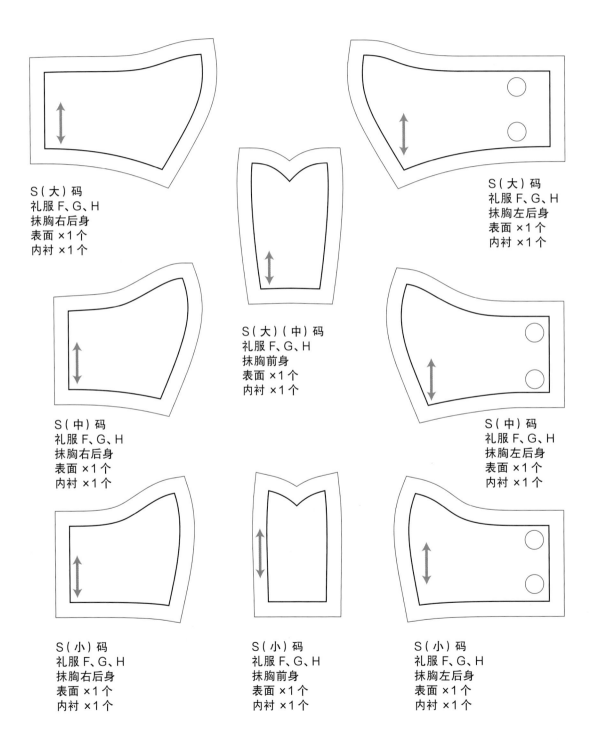

S（大）码
礼服 F、G、H
抹胸右后身
表面 ×1个
内衬 ×1个

S（大）（中）码
礼服 F、G、H
抹胸前身
表面 ×1个
内衬 ×1个

S（大）码
礼服 F、G、H
抹胸左后身
表面 ×1个
内衬 ×1个

S（中）码
礼服 F、G、H
抹胸右后身
表面 ×1个
内衬 ×1个

S（中）码
礼服 F、G、H
抹胸左后身
表面 ×1个
内衬 ×1个

S（小）码
礼服 F、G、H
抹胸右后身
表面 ×1个
内衬 ×1个

S（小）码
礼服 F、G、H
抹胸前身
表面 ×1个
内衬 ×1个

S（小）码
礼服 F、G、H
抹胸左后身
表面 ×1个
内衬 ×1个

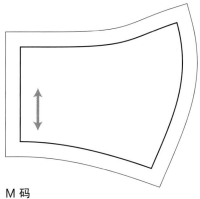

M 码
礼服 F、G、H
抹胸右后身
表面 ×1个
内衬 ×1个

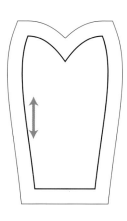

M 码
礼服 F、G、H
抹胸前身
表面 ×1个
内衬 ×1个

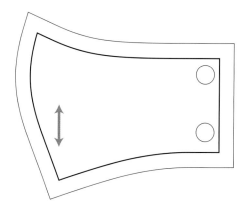

M 码
礼服 F、G、H
抹胸左后身
表面 ×1个
内衬 ×1个

礼服 F、G、H 制作方法 p.84、p.88、p.92

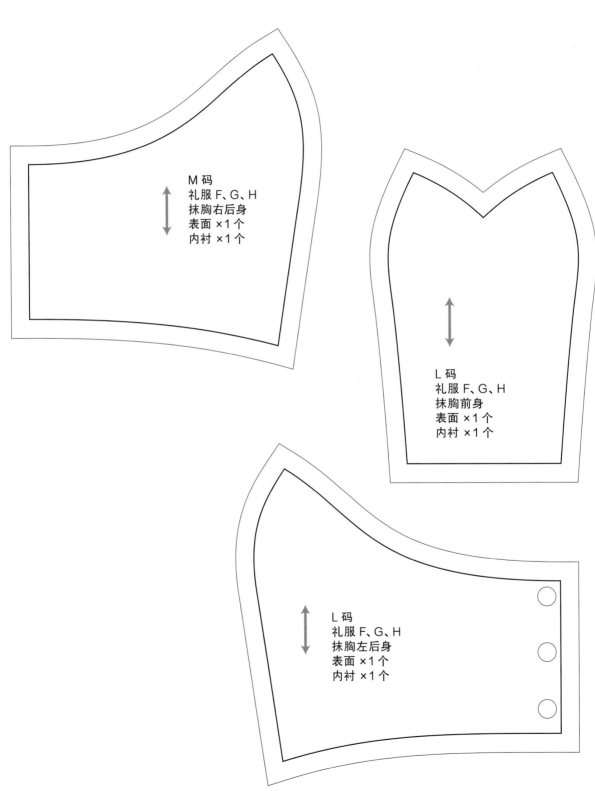

M 码
礼服 F、G、H
抹胸右后身
表面 ×1个
内衬 ×1个

L 码
礼服 F、G、H
抹胸前身
表面 ×1个
内衬 ×1个

L 码
礼服 F、G、H
抹胸左后身
表面 ×1个
内衬 ×1个

 **袖子** 制作方法 p.60

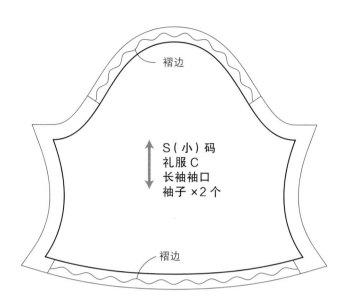

褶边

S（小）码
礼服 C
长袖袖口
袖子 ×2 个

褶边

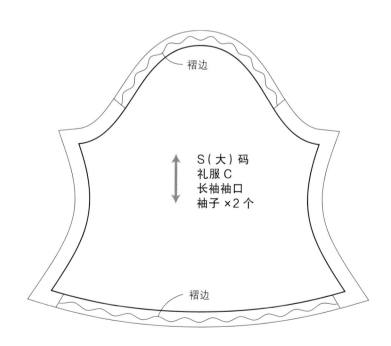

褶边

S（大）码
礼服 C
长袖袖口
袖子 ×2 个

褶边

 **袖子** 制作方法 p.60

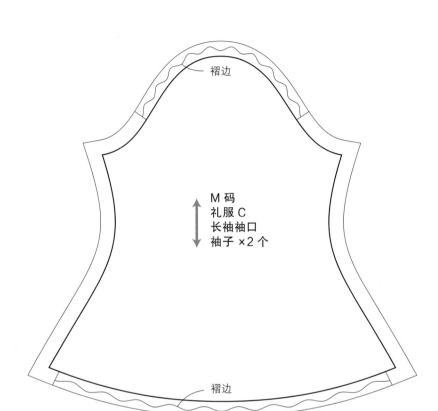

褶边

M 码
礼服 C
长袖袖口
袖子 ×2 个

褶边

S、M 码
礼服 C
袖口 ×2 个

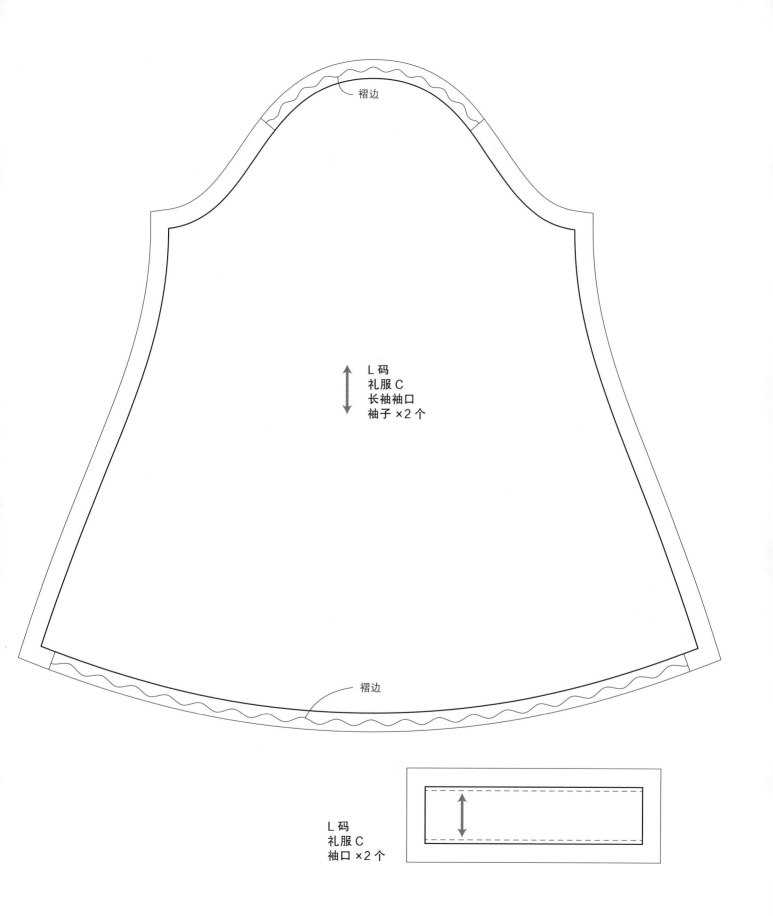

褶边

L 码
礼服 C
长袖袖口
袖子 ×2 个

褶边

L 码
礼服 C
袖口 ×2 个

袖子 制作方法 p.62、p.63

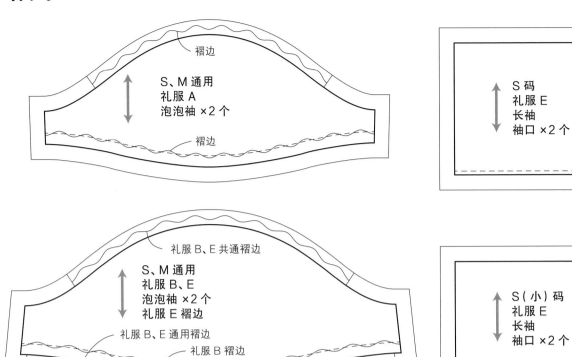

S、M 通用
礼服 A
泡泡袖 ×2 个

褶边

褶边

S 码
礼服 E
长袖
袖口 ×2 个

礼服 B、E 共通褶边

S、M 通用
礼服 B、E
泡泡袖 ×2 个
礼服 E 褶边

礼服 B、E 通用褶边
礼服 B 褶边

S（小）码
礼服 E
长袖
袖口 ×2 个

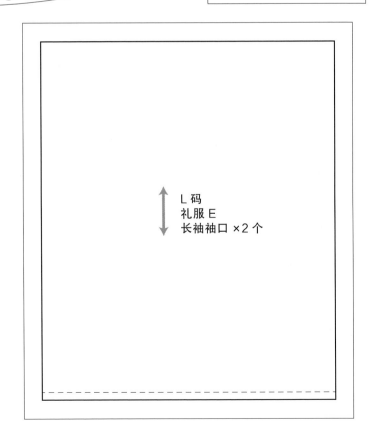

L 码
礼服 E
长袖袖口 ×2 个

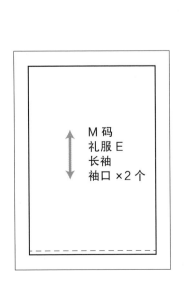

M 码
礼服 E
长袖
袖口 ×2 个

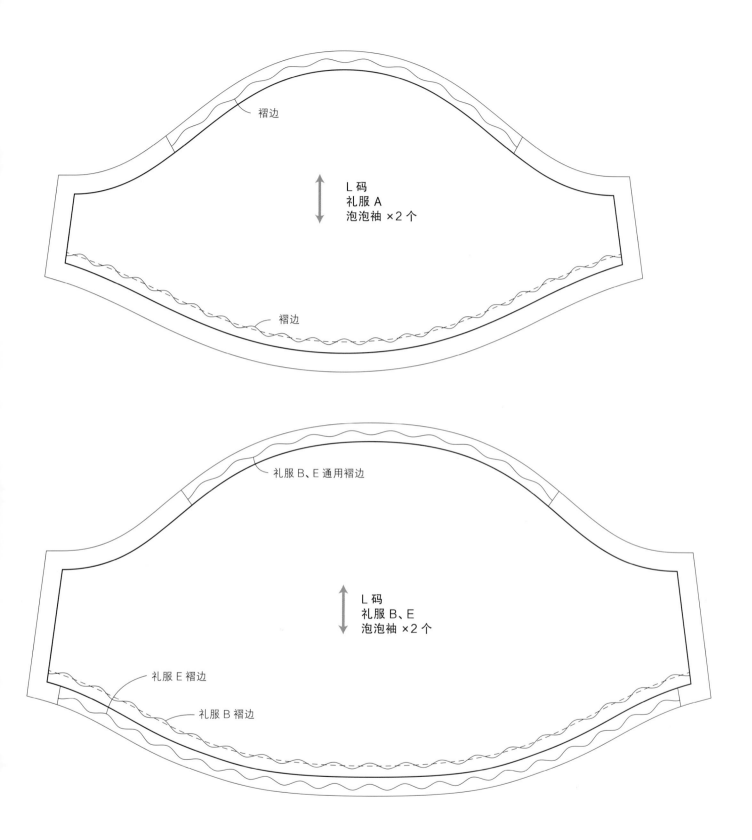

褶边

L 码
礼服 A
泡泡袖 ×2 个

褶边

礼服 B、E 通用褶边

L 码
礼服 B、E
泡泡袖 ×2 个

礼服 E 褶边

礼服 B 褶边

袖子　制作方法 p.61

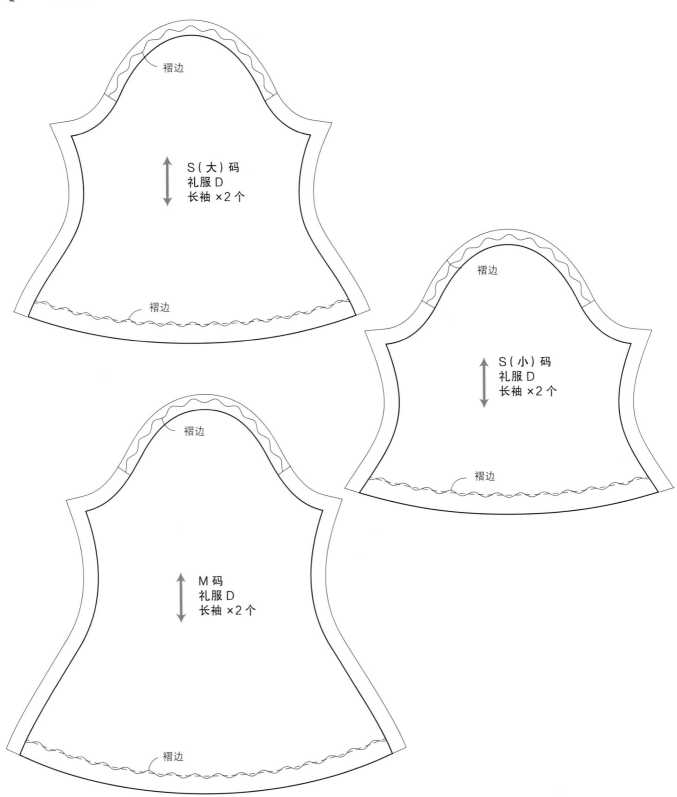

S（大）码
礼服 D
长袖 ×2 个

褶边

褶边

S（小）码
礼服 D
长袖 ×2 个

褶边

褶边

M 码
礼服 D
长袖 ×2 个

褶边

褶边

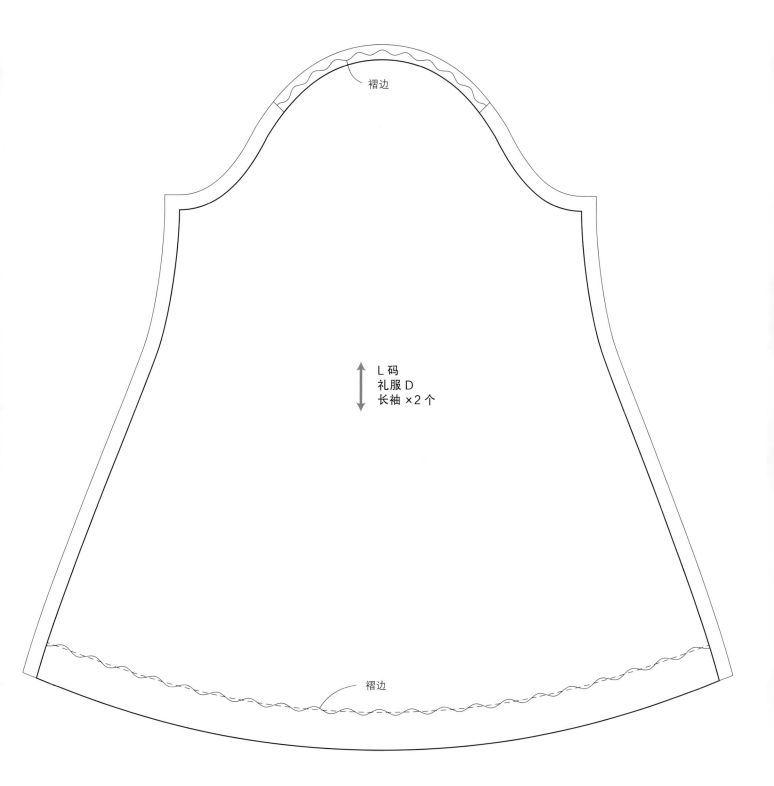

褶边

L 码
礼服 D
长袖 ×2 个

褶边

围裙　　制作方法 p.96

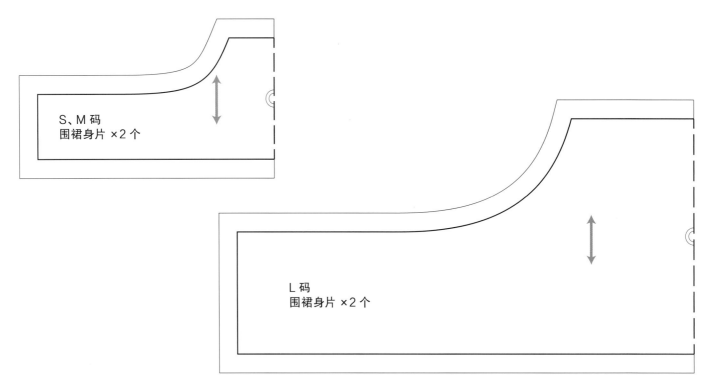

S、M 码
围裙身片 ×2 个

L 码
围裙身片 ×2 个

 # 套裙　　制作方法 p.116

 # 泰迪熊　　制作方法 p.120

套裙
口袋用心形装饰 ×1 个

耳朵 ×4 个

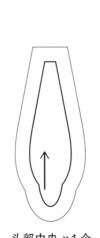

毛发方向

脚部 ×4 个

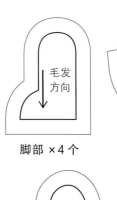

毛发方向

头部 ×2 个

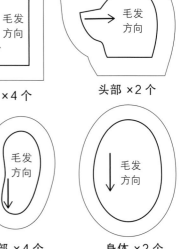

毛发方向

毛发方向

头部中央 ×1 个　　手部 ×4 个　　身体 ×2 个

帽子　制作方法 p.108

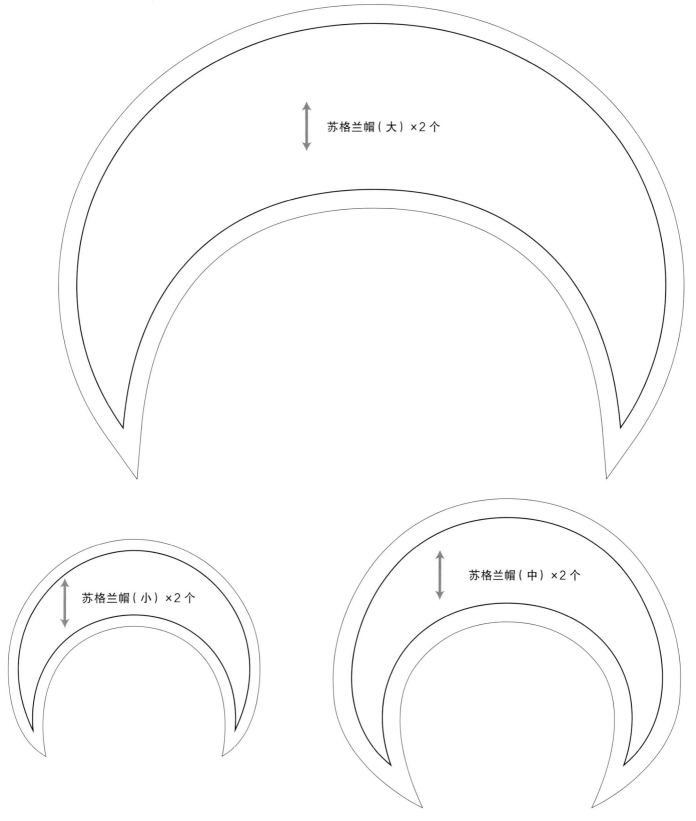

苏格兰帽（大）×2个

苏格兰帽（小）×2个

苏格兰帽（中）×2个

礼服 G 制作方法 p.88

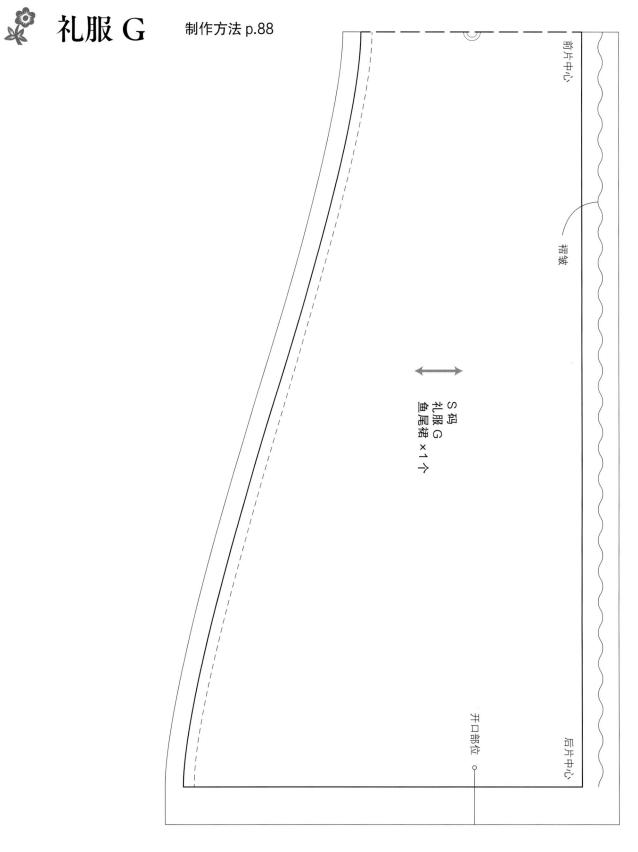

前片中心

褶皱

S 码
礼服 G
鱼尾裙 × 1 个

开口部位

后片中心

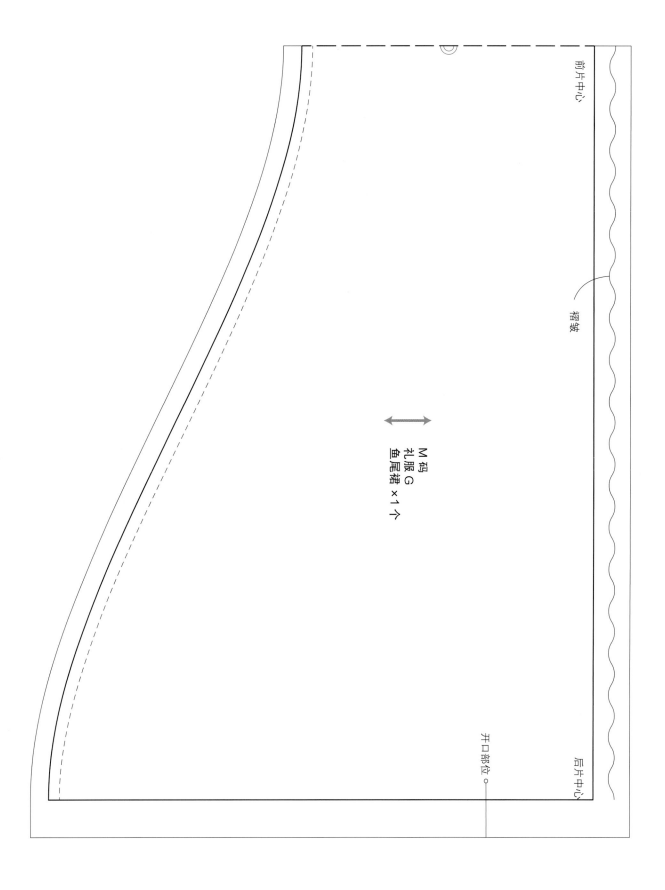

前片中心

褶皱

M 码
礼服 G
鱼尾裙 ×1 个

开口部位

后片中心

礼服 G　　制作方法 p.88

※ 纸型为将原图缩小到 75% 的尺寸，实际使用时，请按照比例扩大后使用

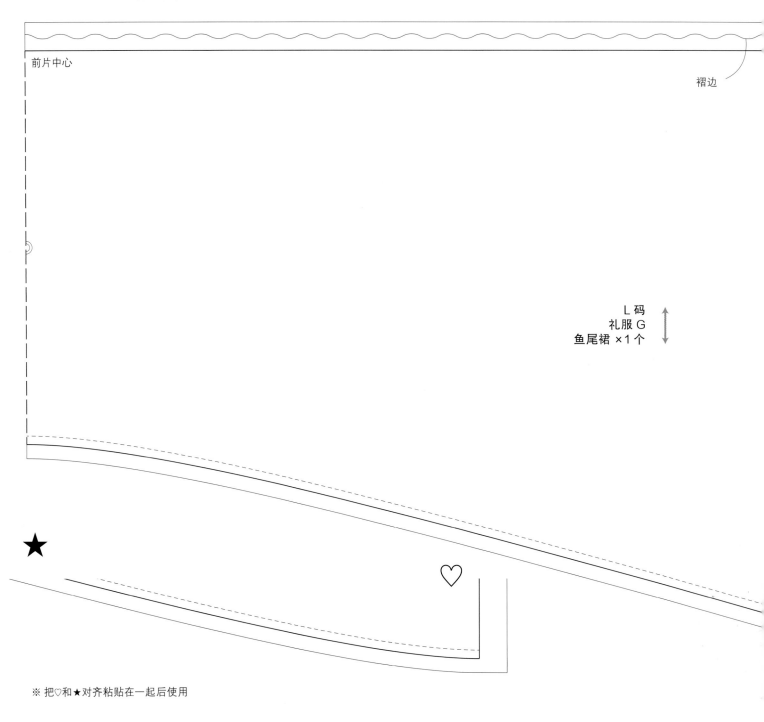

前片中心

褶边

L 码
礼服 G
鱼尾裙 ×1 个

※ 把♡和★对齐粘贴在一起后使用

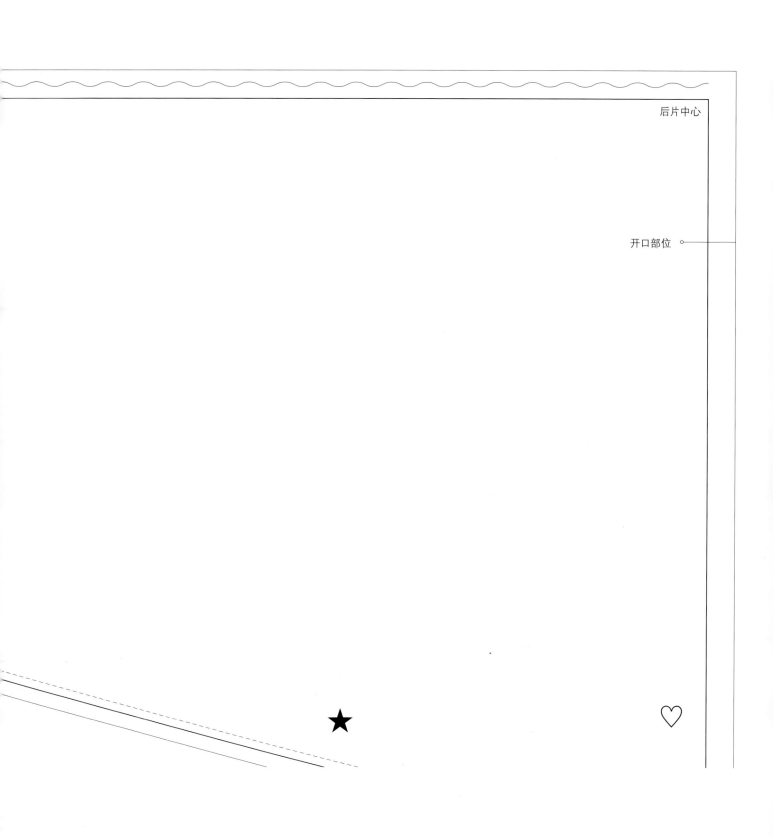

后片中心

开口部位

タイトル：ROMANTIC DRESS NO DOLL CORDINATE RECIPE
著者：Mayura Yoshida

图书在版编目（CIP）数据

娃衣浪漫礼服：娃娃·盛装·衣橱 / 日本舞是工作室
著；王春梅译. —沈阳：辽宁科学技术出版社，2022.6
ISBN 978-7-5591-2491-3

Ⅰ.①娃… Ⅱ.①日… ②王… Ⅲ.①手工艺品—
制作 Ⅳ.① TS973.5

中国版本图书馆 CIP 数据核字（2022）第 065412 号

出版发行：辽宁科学技术出版社
　　　　　（地址：沈阳市和平区十一纬路25号　邮编：110003）
印 刷 者：辽宁新华印务有限公司
经 销 者：各地新华书店
幅面尺寸：222mm×257mm
印　　张：12 $\frac{2}{3}$
字　　数：150千字
出版时间：2022年6月第1版
印刷时间：2022年6月第1次印刷
责任编辑：康　倩
版式设计：袁　舒
封面设计：袁　舒
责任校对：闻　洋

书　　号：ISBN 978-7-5591-2491-3
定　　价：88.00元

联系电话：024-23284367
邮购热线：024-23284502